KB161206

✳ 집에서 만드는 프리미엄 식빵 ✳

다카하시 마사코 지음 | 조윤희 옮김

한스미디어

시작하며

masako's premium Home Made Bread

보통 식빵은 아침 식사로 먹나요? 아니면 점심 샌드위치로 먹나요? 식빵을 굽지 않고 그냥 먹나요? 바삭바삭하게 굽는 토스트 파인가요? 또 두껍게 써는 편이 좋은가요? 얇게 써는 편이 좋은가요? 식빵 한 덩어리를 몇 장으로 나누는 것이 가장 좋은가요? 혹시 빵집을 정해두고 식빵을 사는 분이 많은가요?

'식빵'이라는 단어를 들으면 각자 여러가지 식빵을 떠올리며, 어떤 식으로 먹을지 또 어떤 타입의 식빵이 좋은지 다양한 생각을 합니다.

최근에는 동네 빵집의 틀을 벗어난 식빵 전문점도 많이 생겼습니다. 제빵 교실을 오랫동안 열어왔는데도 요즘 식빵의 맛과 다양한 제법에 놀라움을 감출 수 없습니다. 그만큼 먹는 사람의 취향이 다양해졌다는 뜻이겠지요.

제 취향을 말씀드리면 가볍고 폭신폭신하고, 가장자리는 바삭바삭하면서 적당하게 존재감이 있는 쪽을 좋아합니다. 관서 지방의 하드 토스트 식빵이 취향에 맞습니다.

바야흐로 식빵의 춘추전국시대. 가장자리가 부드러운 빵, 폭신폭신한 식빵, 리치한 맛의 식빵 등등 다양해서 즐겁습니다.

다채로운 식빵을 먹어보니 저도 여러 가지를 만들고 싶어서 실컷 구워봤습니다.

탕종을 사용해 쫀득쫀득하게 만들어보고, 국내산 밀가루를 사용하고, 이스트를 적게 넣고 냉장고에서 천천히 발효시키기도 했습니다. 수분을 충분히 배합하고, 고급스러운 재료를 아낌없이 넣기도 하고요. 집에서 만들 수 있는 식빵을 잔뜩 구워봤습니다.

다카하시 마사코

집에서 빵을 만드는 사람들 중에는 제빵기로 굽는 사람과 손으로 반죽하여 오븐에 굽는 사람으로 나뉜다고 생각합니다.

이 책에는 양쪽 레시피를 골고루 담았으니 걱정하지 않으셔도 됩니다.

제빵기로 만들 때는 기계가 도맡아 해주니까 끈적끈적한 반죽도 거침없이 구울 수 있습니다. 따라서 주로 수분비율이 높은 레시피를 많이 실었습니다.

손으로 반죽하여 오븐에 구울 때는 중종법, 탕종법, 저온 장시간 발효법 등 정성을 담은 레시피를 주로 구성했습니다. 각각 특징을 살려서 최대한 맛있게 구울 수 있도록 제 나름대로 연구했습니다. 과연 어떤 빵이 마음에 드실까요?

이 책을 참고로 다양한 식빵을 잔뜩 구워보시기 바랍니다.

Contents

1 손으로 반죽하여 굽기 오븐으로 굽는 프리미엄 식빵

2 제빵기로 반죽하여 굽기 제빵기로 굽는 프리미엄 식빵

1 손으로 반죽하여 굽기의 반죽 방법

손으로 반죽하여 굽기에 등장하는 식빵은 일부를 제외하고 제빵기로 반죽할 수 있습니다. 반죽 후에 1차 발효, 성형, 최종 발효, 굽기는 수작업으로 진행합니다. 유지방이 많아서 치대기 어려운 브리오슈 같은 빵은 제빵기를 사용하는 것이 편리합니다. 본문의 레시피에서 치대기 공정 부분에 '제빵기를 사용하여 치댈 때'에 방법을 기재하였으니 참고해 주세요.

2 제빵기가 없어도 OK

제빵기로 만드는 식빵을 제빵기가 없어도 만들 수 있도록 참고 레시피를 기재하였습니다. '1장 손으로 반죽하여 굽기'에서 소개하는 빵 중 비슷한 방법으로 만드는 빵은 레시피 하단에 '손으로 반죽하여 오븐에 구울 때'에 적어두었습니다. 참고하여 만들어주세요. 레시피에 따라 이스트 분량이 달라질 수 있으니 주의해주세요.

3 식빵의 특징에 관한 설명 ✳✳✳

기호에 맞는 식빵을 찾는 데 참고하도록 이 책에서 소개하는 빵의 특징을 재료 소개 오른쪽에 적었습니다. ✳의 수는 맛의 강한 정도 입니다. 식빵은 재료의 배합, 치대기 정도, 발효 공정에 따라 다채로운 맛과 식감을 만들 수 있는 점이 매력입니다. 부드럽고 달콤한 식빵, 바삭바삭하고 가벼운 식빵, 풍부하고 리치한 식빵 등 어떤 식빵을 좋아하나요? 개성이 넘치는 식빵 중에서 마음에 드는 레시피를 찾아보시기 바랍니다.

- 1 작은술은 5ml, 1큰술은 15ml입니다.
- 이스트에서 1 작은술은 3g, 1/3 작은 술은 1g, 1/2 작은술은 1.5g, 1/4 작은술은 0.7g 입니다.
- 제빵기의 이스트 자동 투입 기능은 사용하지 않습니다.
- 제빵기로 구울 때는 구운 색을 지정하지 않았습니다. 좋아하는 정도로 구워주세요.
- 제빵기로 만드는 빵은 기온, 물 온도의 영향으로 부푸는 정도가 달라집니다.
- 빵을 넣거나 꺼낼 때 오븐 안, 철판, 틀, 갓 구운 빵은 무척 뜨겁습니다. 오븐 장갑이나 면장갑을 두 장 이상 겹쳐서 사용하여 화상을 입지 않도록 주의하세요.

이 책에서 소개하는 **식빵 모양**

식빵은 크게 분류하면 '사각 식빵'과 '산형 식빵'으로 나눕니다. 둘의 차이는 간단하게도 식빵 틀에 뚜껑을 덮으면 사각 식빵이 되고, 덮지 않고 구우면 산형 식빵이 됩니다. 하지만 완전히 동일한 반죽으로 만들어도 사각과 산형의 식감은 크게 다릅니다.

오븐으로 굽는
사각 식빵

Baking Oven

정사각형 식빵으로 풀먼 식빵pullman bread이라고 하기도 합니다. 뚜껑을 덮고 구워서 반죽의 밀도가 올라갑니다. 수분의 증발도 막아서 식감이 촉촉합니다. 커다란 기포가 없이 전체적으로 균일하게 완성됩니다. 샌드위치로 만들기에 좋습니다.

오븐으로 굽는
산형 식빵

Baking Oven

윗부분이 봉긋하게 부풀어 오릅니다. 뚜껑을 덮지 않고 구워 오븐 안에서 반죽이 틀 위로 부풀어올라 기포가 커다랗게 생깁니다. 위쪽 가장자리는 바삭하며 기포가 많고 아래쪽은 기포가 약간 작고 탄력이 느껴집니다.

오븐으로 굽는
미니 식빵

Baking Oven

미니 틀에 구워서 크기가 작은 산 모양이 됩니다. 이 책에서는 브리오슈 미니 식빵(64쪽), 쌀가루 미니 식빵(68쪽)에서 소개합니다. 빵 크럼crumb이 작고 껍질 맛을 강조한 빵에 사용하기를 권합니다. 모양도 귀여워서 선물용으로 좋습니다.

제빵기로 굽는
제빵기 식빵

Home Bakery

제빵기 전용 틀에 넣어서 굽는 식빵입니다. 치대기부터 굽기까지 하나의 틀에서 진행되어 독특한 모양이 만들어집니다. 일부 기종을 제외하고 대부분 틀에 뚜껑이 없어서 보통 산형 식빵이 됩니다. 껍질이 세로로 다소 넓게 구워집니다.

식빵 만들기
기본 재료

식빵을 만드는 기본 재료는 뜻밖에
도 간단합니다. 밀가루의 종류, 당
분, 유지방을 바꾸기만 해도 맛이
나 완성 상태에 변화가 생깁니다.

유지방

유지는 식빵에 풍미를 주며, 빵이 부풀
어 오르는 정도와 식감에도 영향을 줍니
다. 이 책에서는 버터, 라드, 쇼트닝, 마
스카르포네 치즈 등 레시피에 따라 유지
를 다르게 사용합니다. 버터는 모두 식
염을 사용하지 않은 무염 버터를 사용
합니다. 유지의 차이에 관해서는 17쪽
의 칼럼에도 소개하고 있으니 한번 읽
어보세요.

인스턴트 드라이 이스트

반죽에 직접 섞는 인스턴트 드라이 이스
트는 쓰기 쉽고 발효에 안정적이어서 이
책의 모든 레시피에서 사용합니다. 이스
트는 습기와 고온에 약하므로 개봉 후에
는 소량으로 나눠서 냉장실에서 보관하
고 2개월 안에 전부 사용합니다. 곧바로
사용할 수 없을 때는 밀봉해서 냉동실에
넣으면 6개월까지 보관할 수 있습니다.
9쪽을 참고해주세요.

당분

설탕, 꿀 등 당분을 반죽에 더하면 빵
이 잘 발효됩니다. 이스트의 미생물이
당분을 분해하면서 발효하기 때문입니
다. 효소나 당분과 똑같은 역할을 하는
몰트(맥아 진액)를 사용하기도 합니다.

소금

반죽에 간을 더하는 것은 물론이고 글
루텐을 단단하게 만들고 발효가 빠르게
진행되지 않도록 막는 등 다양한 역할을
해줍니다. 암염처럼 단단한 것보다는 쉽
게 녹는 가루 타입을 추천합니다. 이 책
에서는 구운 소금을 사용합니다.

수분

수돗물(연수)이 기본입니다. 레시피에
따라 우유, 생크림, 두유도 사용합니다.
주의할 점은 수분의 온도입니다. 추운
계절에는 사람 피부 정도 온도로 데우
고 더운 계절에는 차갑게 사용하면 발효
가 원활하게 진행됩니다. 수온을 포함한
재료의 온도 조절(반죽 완성 온도)에 관
해서는 9쪽을 참고해주세요.

밀가루

단백질이 많이 포함된 강력분과 준강력
분을 사용합니다. 홋카이도나 규슈에서
만드는 밀가루, 북미산 밀가루, 독일산
고대 밀가루 등 레시피에 따라 다르게
사용합니다. 밀가루는 126쪽에서 자세
히 설명하였습니다.

● 반죽 완성 온도

빵을 만들려고 재료를 준비할 때 온도가 각각 다를 때가 많습니다. 계절에 따라 실내 온도, 수온, 냉장고의 온도도 달라집니다. 이를 신경 쓰지 않고 그저 열심히 빵을 치대기 시작하면 레시피에 적힌 시간대로 발효되지 않기도 합니다. 계절에 상관없이 이스트가 활동하기 쉽게 만들어 발효를 진행하려면 가루와 수분의 온도를 조정해야 합니다. 제빵에는 '반죽 완성 온도'라는 말이 있는데 이는 반죽을 다 치댄 후 온도를 말합니다. 이 책에서 손으로 치대는 빵은 재료 소개 근처에 반죽 완성 온도를 적었습니다.

온도는 아래의 공식을 사용합니다.

[3 X 반죽 완성 온도] – [실내 온도 + 가루 온도] = 수분의 온도

결과에 맞춰 재료 중 수분(물, 우유, 생크림 등)을 데우거나 차갑게 하여 사용해주세요. 제빵기는 온열기가 내장되어 있어 발효에 적당한 환경을 만들어줍니다. 수온은 별로 신경 쓰지 않아도 되지만 여름에는 냉수를 사용하기를 권장합니다.

● 인스턴트 드라이 이스트의 양과 발효 시간

이 책에서 사용하는 인스턴트 드라이 이스트는 반죽의 당분이 대략 24g이내일 때 샤프saf의 빨간 라벨을 사용하고, 당분이 많을 때는 샤프의 금색 라벨(내당성)을 사용합니다. 레시피에 따로 표기가 없을 때는 빨간 라벨을 사용합니다.

이스트 분량은 1/4 작은술부터 1 작은술까지입니다. 일반 빵과 비교하면 양이 적습니다. 이스트를 적게 사용하

는 이유는 시판 이스트를 많이 사용하면 아무리 노력해도 이스트 특유의 냄새가 느껴지기 때문입니다. 가능한 이스트를 줄이고 대신 발효 시간을 늘리는 방법을 오랫동안 사용해왔습니다. 또 이스트를 적게 사용하면 밀가루와 유제품 등 재료가 지닌 향기가 살아납니다.

빵에 따라 냉장고에서 하룻밤 재우며 발효시키기도 합니다. 냉장고 안 온도는 대략 2℃~7℃입니다. 저온에서 장시간 발효시키면 밀가루의 심지까지 수분이 도달해서 물기가 많고 촉촉해집니다. 또 숙성이 진행되어 감칠맛이 나는 빵으로 완성할 수 있습니다.

제빵기로 구울 때도 이스트를 적게 사용하는 레시피를 많이 기재하였습니다. 제빵기의 '천연 효모 코스'를 선택하여 보통 빵보다 긴 시간에 걸쳐 구워서 완성합니다.

식빵의 종류에 따라 이스트 양을 1 작은술까지 늘려 단시간에 기세 좋게 확 부풀려서 완성할 때도 있습니다. 장시간에 걸쳐 만드는 타입부터 단시간에 단숨에 굽는 빵까지 다양한 레시피를 이 책에 담았습니다. 레시피를 볼 때는 이스트의 분량과 발효 시간을 꼭 확인해주세요. 대략 몇 시간 후에 완성될 지 계산해보면, 빵 만들기를 시작하는 시간을 정할 때 응용할 수 있습니다.

식빵 틀

제빵기의 빵 틀이나 식빵 틀은 사이즈가 제각각입니다. 사진과 비슷한 것을 준비하면 레시피대로 만들어질 가능성이 높아집니다.

미니 식빵 틀

브리오슈 미니식빵(64쪽), 쌀가루 미니식빵(68쪽)에서 사용합니다. 가로세로 17.5cm×5cm 높이 5cm로 일반 340g 틀의 약 1/3 분량입니다. 스틸 소재의 알루미늄을 도금한 불소수지 가공 제품이 사용하기 쉽습니다. 작은 파운드 틀을 대신 사용해도 좋습니다.

1근 틀(약 340g 이상)

손 반죽 식빵의 대부분을 1근 틀, 약 340g 틀에 굽습니다. 가정용 오븐에 들어가고 사람이 적을 때 적합한 크기입니다. 이 책에서는 스틸 소재의 알루미늄을 도금한 불소수지 가공 (혹은 실리콘 가공) 17.5cm×9cm 높이 9.5cm를 사용합니다.

시중에서 판매되는 1근 틀은 구입하는 곳에 따라 용량과 사이즈가 다릅니다. 틀에 따라 발효 시간, 굽는 시간이 달라질 때도 있습니다. 또 불소수지 가공 등을 하지 않은 틀은 사용하기 전에 틀용 오일을 발라주세요.

제빵기용 틀

파나소닉 제빵기용 빵 틀(약 13.7cm × 11.7cm 높이 13cm)을 사용하였습니다. 같은 분량 반죽이라도 제빵기로 구우면 세로로 높아집니다.

Baking Oven and Home Bakery

오븐

손으로 반죽하는 식빵은 모두 식빵 틀에 넣어서 가정용 오븐에서 굽습니다. 이 책에서는 독일 밀레(Miele)사 전기 오븐을 사용합니다. 일반 가정용 전기 오븐이나 가스 오븐으로 문제없이 구울 수 있습니다. 오븐에 따라 위 칸 불이 강하거나 안쪽이 타기 쉬운 특징이 있습니다. 가정에서 사용하는 오븐의 특징을 파악하여 온도와 시간을 조정하면서 구워주세요. 또 굽기 전 20분~30분 전쯤 미리 예열하는 것을 잊지 말아주세요.

제빵기

제빵기에서 소개하는 식빵은 모두 파나소닉 SD-MDX101을 사용하였습니다. 빵 틀에 재료를 담고 스위치를 누르면 일반 가정에서 간편하게 맛있는 빵을 먹을 수 있습니다. 빵의 배합에 따라 식빵 코스(본문에는 일반 코스로 기재)나 혹은 천연 효모 코스를 선택하여 굽습니다. 우유, 생크림, 요거트, 치즈 등 유제품이나 달걀, 딸기 등을 사용하는 레시피는 위생을 위해 타이머 사용은 자제해주세요.

● 1차 발효에 사용하는 투명한 믹싱 볼

손으로 반죽하여 만들 때 빵의 1차 발효를 알아보기 어렵기 때문에 투명한 믹싱 볼을 사용하기를 권합니다. 투명한 볼에 둥글린 반죽을 넣고 랩이나 샤워 캡으로 씌워서 발효시키면 부풀어 오르는 정도가 잘 보여서 알기 쉽습니다. 이 책에서는 폴리카보네이트 재질로 지름 17cm, 900ml짜리 볼을 사용합니다. 레시피 안에서 작은 볼이라고 부릅니다. 제빵용품 상점이나 쇼핑몰 등에서 구매할 수 있습니다. 레시피에 따라 발효를 끝내는 시점이 달라서 볼의 70%에서 90% 높이까지 발효시킵니다.

Baking
Oven

손으로 반죽하여 굽기

심플한 식빵을 만드는 방법을 먼저 배운 후 익숙해지면 시나몬
롤이나 데니시 식빵 만들기에도 도전해봅시다.
향기, 풍미, 식감 등 마음에 꼭 드는 프리미엄 식빵을 발견해보세요.

오븐으로 굽는 프리미엄 식빵
masako's premium   *Home Made Bread*

쫄깃쫄깃 심플한 식빵

오븐

Baking Oven

단맛은 적고 탄력이 적당합니다. 매일 먹어도 질리지 않는 심플한 식빵입니다.
홋카이도산 밀가루 특유의 쫄깃한 식감에 우유와 버터로 풍미를 더했습니다.
이 레시피로 먼저 식빵을 만드는 기본 흐름과 작업을 기억해주세요.

재료(340g 틀 1개 분량)

강력분(하루요 코이) 250g

인스턴트 드라이 이스트 ...... 1/2 작은술

사탕수수설탕 8g

소금 4g

물 120g

우유 65g

무염 버터 15g

(1cm 크기로 깍둑썰기하여 냉장고에 넣어둔다)

덧가루 ...... 적당량

반죽 완성 온도: 26℃~27℃

만드는 방법

1 ...... [섞기]

작은 볼에 강력분과 이스트를 넣고 스크래퍼로 섞는다.

2 ...... [치대기]

큰 볼에 물과 우유를 넣고 사탕수수설탕과 소금을 넣고 다시 ①을 넣는다.

쫄깃쫄깃

***

씹히는 정도

**

단맛

*

15

스크래퍼로 전체를 크게 섞는다. … **a**

큰 덩어리가 없어지고 물기가 사라지면 스크래퍼를 꺼내 손으로 치댄다. … **b**

가루가 없어지고 한 덩어리로 뭉쳐지면 작업대에 꺼낸다.

반죽을 작업대에 비비듯이 밀어서 펼친다. 몇 차례 늘린 후 스크래퍼로 반죽을 정리하고 다시 늘리기 작업을 반복한다. … **c**

제빵기

Home Bakery

제빵기를 사용하여 치댈 때

1. 빵 틀에 물, 우유 → 강력분 → 설탕, 소금 → 이스트 순서대로 넣는다.
2. '반죽하기' 모드를 선택해서 5분 정도 치댄다.
3. 버터를 추가하여 다시 3분 치댄다.

2~3회 반복한 후 반죽을 정리하여 90도로 돌려 방향을 바꾸면서 치댄다. 3분 정도 계속한다.

반죽을 가볍게 펼친 후 버터를 올리고 감싼다. … **d**

똑같은 요령으로 밀어서 늘린 후 정리하기를 3분간 반복하며 치댄다. … **e**

반죽이 매끄러워지면 한 덩어리로 정리하여 반죽 표면을 손바닥으로 둥글게 쓸어내려 겉면을 팽팽하게 만든다. 반죽 아래쪽 뭉쳐있는 부분을 매끄럽게 다듬는다.

작은 볼에 넣고 랩 또는 새 샤워 캡을 씌운다.

▶ 발효에 사용하는 볼은 투명한 편이 발효 상태를 잘 볼 수 있어 편리합니다. 11쪽 참고.

유지방을 바꾸면 무엇이 달라지나요?

식빵을 만들 때 버터와 같이 고형유지(녹지 않은 상태)를 사용하면 반죽이 잘 늘어나서 올리브 오일 같은 액상 유지보다 잘 부풀어 오릅니다. 그밖에 어떤 특징이 있을까요? '쫄깃쫄깃 심플한 식빵'의 레시피를 베이스로 유지의 종류만 바꿔서 실험해봤습니다.

왼쪽부터
올리브오일: 높이가 가장 낮다. 오일의 풍미가 진하다.
라드: 가볍고 속속하나. 가장자리가 부드럽다.
버터: 잘 씹히고 가장자리가 바삭하게 완성된다.
쇼트닝: 높이가 가장 높다. 껍질도 폭신폭신하고 부드럽게 완성된다.

 3 ⋯⋯ [1차 발효]

오븐의 발효 기능을 사용하여 30℃에서 50분간 둔다.

펀치

볼 옆면을 따라 스크래퍼로 한 바퀴 긁어서 반죽을 꺼낸다. ⋯**a**
손으로 가볍게 눌러서 형태를 정리하고 네 모서리를 잡아 당겨 가운데에서 합쳐서 닫고 둥글리면서 겉을 정리하여 볼에 다시 담는다. ⋯**b**

1차 발효 이어하기

랩 또는 샤워 캡을 씌우고 30℃에서 30분간 둔다. 볼의 90% 높이까지 발효시킨다.

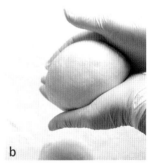

4 ······ [분할]

캔버스 천과 반죽의 겉면에 덧가루를 가볍게 뿌린다. 볼 옆면을 따라 스크래퍼로 둥글게 한 바퀴 돌려서 반죽을 떼어 꺼낸다.

반죽의 무게를 재고 계산하여 스크래퍼로 2등분한다.

▶ 스크래퍼로 단숨에 눌러서 자른다. 스크래퍼를 움직이기 전에 반죽을 떼어내면 반죽에 상처가 생기지 않는다.

가볍게 눌러서 형태를 정리하고 다시 둥글게 만든다. 손바닥으로 둥글게 쓸어내려 겉면을 팽팽하게 만든다. 반죽 아래쪽을 꼬집어서 꾹 눌러 여민다.

5 ······ [휴지]

여민 면이 아래로 오도록 캔버스 천 위에 올린다. 캔버스 천과 젖은 행주로 덮고 실온에서 15분간 둔다.

6 ······ [성형]

캔버스 천에 덧가루를 가볍게 뿌리고 여민 면이 위로 오도록 반죽을 올린다. 밀대로 눌러서 15cm×12cm 세로로 길쭉한 타원을 두 개 만든다. ··· a

반죽의 가장자리를 손으로 눌러서 기포를 뺀다. 반죽의 좌우 1/3씩을 접어서 가운데가 약간 겹쳐지게 만든다. 한쪽을 접을 때마다 반죽 주위의 기포가 빠져나가도록 누른다. ··· b

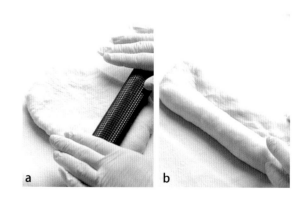

a   b

반죽이 늘어나지 않도록 주의하면서 안쪽부터 돌돌 만다. 한 바퀴 말 때마다 반죽을 눌러서 겉면을 팽팽하게 만들고 다 말은 후에 이음매를 확실히 닫는다.

▶ 이때 팽팽하게 겉면을 둥글리면 세로 방향으로 반죽이 늘어나서 높게 구워진다.

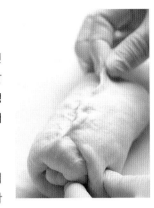

이음매가 아래로 오도록 왼쪽에는 반죽을 '9'를 눕힌 모양으로 넣고 오른쪽은 반시계 방향으로 돌려서 넣는다. … c
각각 틀의 양쪽 끝에 넣는다. … d

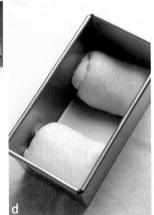

7 …… [최종 발효]

30℃ 장소에서 60분간 둔다. 반죽이 틀의 90% 높이로 부풀 때까지 발효시킨다.

8 …… [굽기]

180℃로 예열한 오븐에 넣고 180℃로 30분간 굽는다.

다 구운 후에 틀에서 꺼낸 뒤,
식힘망에 올려 식힌다.

쫄깃쫄깃 심플한 식빵

오븐

Baking Oven

수분 듬뿍 식빵

껍질과 가장자리가 바삭바삭 고소하고 가운데 속살은 촉촉하며 기포가 잔뜩 있습니다. 바게트처럼 심플한 맛입니다. 치댈 때 반죽을 잘라서 겹치는 방법이 포인트입니다. 이 빵은 제빵기로 반죽할 수 없습니다.

재료 (340g 틀 1개 분량)

강력분 (골든 요트) ······ 100g

강력분 (이글) ······ 125g

준강력분 (리스도오르) ······ 25g

물 ······ 100g

우유 ······ 110g

몰트 ······ 0.5g

이스트물

　인스턴트 드라이 이스트 ······ 1/2 작은술

　물 (약 30℃) ······ 5g

소금 ······ 5g

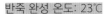
반죽 완성 온도: 23℃

b

만드는 방법

1 ······ **[재료 계량하기]**

골든 요트, 이글, 리스도오르를 볼에 합쳐서 넣고 이스트와 소금을 따로 둔다.

2 ······ **[섞기]**

볼에 물, 우유, 몰트를 넣고 ①의 가루를 넣는다. ··· a

a

스크래퍼로 전체를 크게 섞는다. ··· b

큰 덩어리가 없어지고 물기가 없어지면 스크래퍼로 정리해서 랩 또는 샤워 캡을 씌운다.

▶ 스크래퍼는 나중에 사용하므로 볼 안에 같이 넣어도 좋다.

3 ······ **[오토리즈]**

그대로 실온에서 15분간 둔다.

오토리즈

반죽을 치대기 전에 밀가루에 미리 수분을 흡수시키는 것을 말합니다. 가루와 수분을 가볍게 섞은 후 실온에서 15분~30분간 두면 밀가루 중심까지 수분이 침투합니다. 소금은 이스트 뒤에 넣는 편이 좋기 때문에 오토리즈할 때는 추가하지 않습니다.

껍질 바삭바삭
✳✳✳

속살 가벼움
✳✳✳

팽팽함
✳

4 ······ [치대기]

오토리즈가 끝난 후 이스트와 물을 섞어서 곧바로 볼에 넣는다.

스크래퍼로 반죽을 절반 잘라서 겹친다. 가볍게 눌러서 정리한 후 잘라서 겹치기 작업을 10회 반복한다. … **a**

소금을 더하고 … **b** 같은 방법으로 잘라서 겹치기 작업을 10회 반복한다.

균일해지면 정리해서 작은 볼에 넣고 랩이나 샤워 캡을 씌운다.

5 ······ [1차 발효]

오븐의 발효 기능을 사용하여 30℃에서 15분간 둔다.

1차 펀치

반죽을 둥글려서 들어 올려, 끝을 손으로 가볍게 펼치듯이 늘린다. 반죽이 늘어지지 않도록 반죽을 돌려가며 정리한 후 볼에 다시 담는다. 랩 또는 샤워 캡을 씌운다.

1차 발효 이어하기

30℃에서 15분간 둔다.

2차 펀치

1차와 같은 방법으로 펀치한 후 볼에 담는다.

1차 발효 이어하기

30℃에서 15분간 둔다.

3차 펀치

1차 2차와 같은 방법으로 펀치한 후 볼에 담는다.

1차 발효 이어하기

30℃에서 30분간 둔다.

6 ····· [분할]

캔버스 천과 반죽 겉면에 덧가루를 가볍게 뿌린다. 볼 옆면을 따라 스크래퍼로 한 바퀴 돌려서 반죽을 꺼낸다.

반죽의 무게를 재고 계산하여 스크래퍼로 2등분한다.

▶ 스크래퍼로 단숨에 눌러서 자르면 된다. 스크래퍼를 움직이기 전에 반죽을 떼어내면 반죽에 상처가 생기지 않는다.

가볍게 누르면서 형태를 다듬어 둥글게 정리한다. 손바닥으로 둥글게 쓸어내며 겉면을 팽팽하게 만든다. 반죽 아래쪽 뭉쳐있는 부분을 매끄럽게 다듬는다.

7 ····· [휴지]

마무리한 부분이 아래로 오도록 캔버스 천 위에 올린다. 캔버스 천과 젖은 행주로 덮고 실온에서 15분간 둔다.

8 ····· [성형]

닫은 면이 위로 오도록 두고 가볍게 손으로 누른다. 네 모서리를 집어 들어 가운데로 합치고 반죽을 둥글리면서 겉면을 정리한다. 부드럽게 다시 둥글려서 틀에 넣는다. 랩 또는 샤워캡을 씌운다.

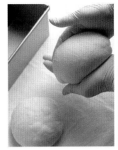

9 ····· [최종 발효]

30℃에서 50분간 둔다. 반죽 꼭대기가 틀의 90% 높이로 부풀 때까지 발효시킨다.

10 ····· [굽기]

210℃로 예열한 오븐에 넣고 15분간 굽는다. 처음에 7분간 스팀을 한다.

▶ 오븐에 스팀 기능이 없을 때는 겉면에 충분히 스프레이로 물을 뿌린다.

그 후 180℃로 낮춰서 20분간 굽는다. 다 구운 후에 틀에서 꺼낸 뒤, 식힘망에 올려 식힌다.

수분 듬뿍 식빵

탕종 식빵

빵집에서 자주 보는 탕종 식빵입니다. 밀가루와 뜨거운 물을 잘 섞어서 전분질을
호화시켜 만든 탕종을 반죽에서 섞어서 독특한 찰기가 생깁니다.

재료(340g 틀 1개 분량)

탕종	강력분 (유메치카라 블랜드) …… 75g
	뜨거운 물 …… 100g
본반죽	강력분 (유메치카라 블랜드) …… 175g
	인스턴트 드라이 이스트 …… 1/2 작은술
	물 …… 60g
	우유 …… 65g
	사탕수수설탕 …… 18g
	소금 …… 5g
	버터 …… 12g
	(무염, 1cm 크기로 깍둑썰기하여 냉장고에 넣어둔다.)

덧가루 …… 적당량

반죽 완성 온도: 26℃

만드는 방법

1 …… **[전날 탕종 만들기]**

1. 강력분을 볼에 넣고 뜨거운 물을 붓는다. 화상에 주의하자. … **a**
2. 곧바로 고무 주걱 등으로 잘 섞어서 전체적으로 잘 섞는다. … **b**
   손으로 만질 수 있는 온도까지 식힌 후 랩으로 꼭 감싼다.
3. 봄, 여름, 가을에는 식으면 냉장고의 야채 칸에 넣고 12시간 둔다. 겨울
   에는 실온에서 12시간 둔다.

쫄깃쫄깃
✳✳✳

탄력
✳✳✳

단맛
✳✳

2 ...... **[섞기]**

볼에 강력분과 이스트를 넣고 스크래퍼로 섞어둔다.

3 ...... **[치대기]**

볼에 물과 우유를 넣고 탕종을 4~5개 찢어서 넣는다. 사탕수수설탕과 소금을 추가한다.

②를 추가하고 스크래퍼로 크게 섞는다. 가루가 없어지면 손으로 섞는다. 하나로 뭉쳐지면 작업대에 꺼낸다. 반죽을 늘리듯이 하면서 4분간 치댄다. 반죽을 펼치고 버터를 올려서 감싼 후 다시 4분간 치댄다.

반죽이 한 덩어리가 되면 아래쪽으로 보내듯이 표면을 팽팽하고 매끄럽게 만든다.

제빵기
Home Bakery

제빵기를 사용하여 치댈 때

1. 빵 틀에 물, 우유, 덜어낸 탕종 → 강력분 → 설탕, 소금 → 이스트 순서대로 넣는다.
2. '반죽하기' 모드를 선택해서 5분간 치댄다.
3. 버터를 추가하여 3분간 계속 치댄다.

4 ...... **[1차 발효]**

랩 또는 샤워 캡을 씌우고 오븐의 발효 기능을 사용하여 30℃ 장소에 90분간 둔다. 볼의 80% 높이로 부풀 때까지 발효시킨다.

5 ...... **[1차 발효]**

캔버스 천과 반죽에 덧가루를 조금 뿌리고 스크래퍼로 반죽을 꺼낸다.

반죽의 무게를 재고 계산하여 스크래퍼로 3등분한다.

6 ⋯⋯ [휴지]

각각 가볍게 둥글리고 이음매가 아래로 오도록 캔버스 천 위에 올리고 캔버스 천과 젖은 행주를 덮어서 실온에서 15분간 둔다.

7 ⋯⋯ [성형]

캔버스 천에 덧가루를 가볍게 뿌리고 이음매가 위로 오도록 반죽을 올린다. 밀대로 각각 12cm 사각형으로 펼친다.

앞쪽부터 돌돌 말아 다 말은 부분을 확실하게 여민다. 이음매가 아래로 오도록 U자 모양으로 구부린다.

틀에 반죽을 서로 다른 방향으로 넣는다. 먼저 양쪽 끝에 넣고 가운데를 나중에 넣는다. 랩 또는 샤워 캡을 씌운다.

8 ⋯⋯ [최종 발효]

30℃ 장소에서 60분간 둔다. 반죽 꼭대기가 틀의 80% 높이로 부풀 때까지 발효시킨다.

9 ⋯⋯ [굽기]

틀에 뚜껑을 덮고 190℃로 예열한 오븐에 30분간 굽는다.

탕종 식빵

오븐

Baking Oven

폭신폭신 달콤한 프리미엄 식빵

가장자리까지 부드럽고 촉촉합니다. 속살은 폭신폭신하고 단맛도 충분하지요.
토스트하지 않고 그대로 먹고 싶은 빵입니다. 치댈 때 확실하게 치댄 후 두드려서
식감을 만듭니다.

단맛
✳✳✳

가장자리 부드러움
✳✳✳

폭신폭신
✳✳

재료(340g 틀 1개 분량)

강력분(벨 물랭) ⋯⋯ 250g

인스턴트 드라이 이스트(샤프 금색) ⋯⋯ 1/2 작은술

사탕수수설탕 ⋯⋯ 32g

소금 ⋯⋯ 4g

물 ⋯⋯ 155g

생크림 (유지방 35%~36%) ⋯⋯ 35g

발효버터 ⋯⋯ 15g

(무염, 1cm 크기로 깍둑썰기하여 냉장고에 넣어둔다.)

덧가루 ⋯⋯ 적당량

반죽 완성 온도: 26℃~27℃

만드는 방법

1 ⋯⋯ **[섞기]**

강력분을 볼에 넣고 뜨거운 물을 붓는다. 화상에 주의하자.

2 ⋯⋯ **[치대기]**

큰 볼에 물과 생크림을 넣고 사탕수수설탕과 소금을 넣고 그 위에 ①
을 넣는다. 스크래퍼로 전체를 크게 섞는다. 가루기가 없어지면 스크
래퍼를 빼고 손으로 섞는다.

한 덩어리가 되면 작업대에 꺼낸다. 반죽을 잡아당기듯이 몇 차례 늘
린 후 스크래퍼를 사용하여 반죽을 뭉친다. 잡아 늘렸다가 뭉치기 과
정을 두세 번 반복하고 반죽을 정리하여 90도로 방향을 바꾸면서 5
분 정도 치댄다.

반죽을 펼치고 버터를 올려서 감싼 후 다시 5분 치댄다. 버터 덩어리가
보이지 않게 되면 두드리며 치댄디.

3 ······ [섞기]

반죽을 한 덩어리로 뭉쳐 끝 부분을 손으로 짚고 작업대에 두드리듯이 내리친다. 반죽을 든 손이 작업대에 닿지 않도록 반죽만 앞쪽으로 비스듬히 내리친다.

반죽을 펼쳐서 반으로 접은 후 90도로 돌려 잡는 위치를 바꾸며 동일하게 치댄다. 잡는 위치를 바꾸면서 20번 정도 반복한다.

반죽이 부드러워지면 한 덩어리로 뭉친 후 겉면을 손바닥으로 둥글게 쓸어내려 매끄럽고 팽팽하게 만든다.

반죽 아래쪽 뭉쳐있는 부분을 매끄럽게 다듬는다. 작은 볼에 넣고 랩 또는 샤워 캡을 씌운다.

제빵기

Home Bakery

제빵기를 사용할 때

1. 빵 틀에 물, 생크림 → 강력분 → 설탕, 소금 → 이스트 순서대로 넣는다.
2. '반죽하기' 모드를 선택하여 7분간 치댄다.
3. 버터를 추가하여 5분간 더 치댄다.

4 ······ [1차 발효]

오븐의 발효 기능 등을 사용하여 30℃ 장소에서 50분간 둔다.

펀치

스크래퍼로 볼 옆면을 따라 한 바퀴 긁어서 반죽을 꺼낸다. 손으로 가볍게 눌러서 모양을 정리한 후 네 모서리를 집어 올려 가운데로 합친다. 반죽을 둥글리면서 표면을 정리하고 볼에 다시 넣는다.

1차 발효 이어하기

랩 또는 샤워 캡을 씌우고 30℃에서 30분간 둔다. 볼의 90% 높이로 부풀 때까지 발효시킨다.

5 ······ [분할]

캔버스 천과 반죽의 표면에 덧가루를 가볍게 뿌린다.
볼 옆면을 따라 스크래퍼로 한 바퀴 긁어서 반죽을 꺼낸다.

반죽의 무게를 재고 계산하여 스크래퍼로 3등분한다.
가볍게 눌러서 모양을 정리한 후 네 모서리를 집어 올려 가운데로 합친다. 반죽을 둥글리면서 표면을 정리하고 볼에 다시 넣는다.

6 ‥‥‥ **[휴지]**

닫은 면이 아래로 오도록 캔버스 천 위에 올린다. 캔버스 천과 젖은 행주로 덮고 실온에서 15분간 둔다.

7 ‥‥‥ **[성형]** 27쪽 '탕종 식빵' 만드는 방법 ⑦을 참고.

캔버스 천에 덧가루를 가볍게 뿌리고 닫은 면이 위로 오도록 반죽을 올린다.

각각 밀대로 눌러서 12cm 사각형으로 만든다.

▶ 3단계로 나눠서 펼치면 깔끔한 사각형이 된다. 반죽의 가운데를 밀대로 눌러 상하좌우로 1/3씩 펼친다. 다음으로 가운데에서 상하좌우로 2/3씩 밀대로 민다. 마지막으로 가운데에서 반죽의 끝까지 상하좌우로 밀어서 펼친다.

앞쪽부터 돌돌 말아 다 말은 부분을 확실하게 여민다. 이음매가 아래로 오도록 U 모양으로 만다.

틀에 반죽을 서로 방향으로 넣는다. 먼저 양쪽 끝에 넣고 가운데를 나중에 넣는다. 랩 또는 샤워 캡을 씌운다.

8 ‥‥‥ **[최종 발효]**

30℃ 장소에서 80분간 둔다. 반죽의 꼭대기가 틀의 90% 높이로 부풀 때까지 발효시킨다.

9 ‥‥‥ **[굽기]**

뚜껑을 덮고 180℃로 예열한 오븐에 넣는다. 180℃로 10분 구운 후 170℃로 내려 25분간 굽는다.

다 구운 후에 틀에서 꺼낸 뒤, 식힘망에 올려 식힌다.

폭신폭신 달콤한 프리미엄 식빵

オーブン 오븐

Baking Oven

고급 호텔 식빵

고급 호텔의 조식을 상상하며 반죽을 분할하지 않고 말아서 한 덩어리로 만들었습니다.
버터, 달걀, 우유를 듬뿍 넣어 굽지 않아도 바삭바삭합니다. 은은한 단맛과 풍부한
풍미가 있어 버터나 잼이 필요 없습니다.

바삭바삭
✳✳✳

버터 풍미
✳✳✳

단맛
✳✳

재료(340g 틀 1개 분량)

강력분 (골든 요트) …… 250g

인스턴트 드라이 이스트 …… 1/2 작은술

물 …… 80g

우유 …… 65g

달걀 …… 50g (약 1개)

꿀 …… 6g

사탕수수설탕 …… 15g

소금 …… 5g

발효버터 …… 20g

(무염, 1cm 크기로 깍둑썰기 하여 냉장고에 넣어둔다.)

윗면용 버터 ㅣ발효버터 …… 12g(무염, 5mm 사각 막대로 썬다.)

덧가루 …… 적당량

반죽 완성 온도: 26℃~27℃

만드는 방법

1 …… [섞기]

볼에 강력분과 이스트를 넣고 스크래퍼로 섞어 둔다.

2 …… [치대기]

큰 볼에 물, 우유, 달걀을 넣고 풀어 놓는다. 꿀, 사탕수수설탕, 소금,
①을 넣는다.

스크래퍼로 전체를 크게 섞는다. 가루기가 없어지면 손으로 섞는다.
한 덩어리가 되면 작업대로 꺼낸다. 반죽을 잡아당기듯이 4분간 치
댄다.

반죽을 펼치고 버터를 올려서 감싼 후 다시 4분간 치댄다.

반죽을 한 덩어리로 만든 후 손바닥으로 둥글게 쓸어내려 겉면을 팽
팽하고 매끄럽게 만든다. 반죽 아래쪽 뭉쳐있는 부분을 매끄럽게 다듬
는다. 작은 볼에 넣는다.

3 ······ [1차 발효]

랩 또는 샤워 캡을 씌워 오븐의 발효 기능을 사용하여 30℃에서 50분간 둔다.

펀치

볼 옆면을 따라 스크래퍼로 한 바퀴 긁어서 반죽을 꺼낸다. 손으로 가볍게 눌러서 형태를 정리한 후 네 모서리를 집어서 당겨 가운데로 합친다. 반죽을 둥글려서 표면을 정리하고 볼에 넣는다.

1차 발효 이어하기

랩 또는 샤워 캡을 씌워 30℃에서 30분간 둔다. 볼의 90% 높이로 부풀 때까지 발효시킨다.

4 ······ [휴지]

이음매가 아래로 오도록 캔버스 천에 올린다. 캔버스 천과 젖은 행주로 덮고 실온에서 15분간 둔다.

5 ······ [성형]

캔버스 천에 덧가루를 가볍게 뿌리고 이음매가 위로 오도록 반죽을 둔다. 밀대로 상하좌우로 조금씩 펼쳐서 20cm×16cm 정도 사각형으로 만든다. ··· a
안쪽부터 느슨해지지 않도록 만다. ··· b
한 번 말 때마다 반죽을 눌러서 표면을 팽팽하게 만들고 다 말은 후 확실하게 닫는다. 이음매가 아래로 오도록 틀에 넣는다. ··· c

제빵기

Home Bakery

제빵기를 사용할 때

1. 빵 틀에 물, 우유, 달걀, 꿀 → 강력분 → 설탕, 소금 → 이스트 순서대로 넣는다.
2. '반죽하기' 모드를 선택하여 7분간 치댄다.
3. 버터를 넣고 다시 5분간 치댄다.

6 ⋯⋯ **[최종 발효]**

랩 또는 샤워 캡을 씌워 30℃ 장소에 50분간 둔다. 반죽 꼭대기가 틀의 90% 높이로 부풀 때까지 발효시킨다.

7 ⋯⋯ **[성형]**

반죽 표면의 가운데에 한줄 칼집을 넣는다. ⋯ a
윗면용 버터를 올린다. ⋯ b

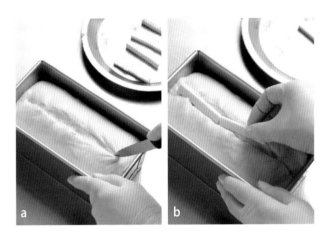

180℃로 예열한 오븐에 넣고 180℃에서 30분간 굽는다.

다 구운 후 틀에서 꺼낸 뒤,
식힘망에 올려 식힌다.

고급 호텔 식빵

오븐

Baking
Oven

하드 토스트 식빵

하드 계열 빵처럼 반죽이 촘촘하고 바삭바삭한 식감이 토스트에 알맞습니다.
중종을 사용하여 완성 후에 잘 늘어납니다. 높은 온도에서 표면을 바삭바삭하고
고소하게 굽습니다.

가벼움

❋❋❋

바삭바삭

❋❋❋

씹는 맛

❋❋

재료(340g 틀 1개 분량)

중종	준강력분 (리스도오르) ······ 125g
	인스턴트 드라이 이스트 ······ 1/4 작은술
	물 ······ 125g
	몰트 ······ 0.5g
본반죽	본반죽 강력분 (오션) ······ 125g
	인스턴트 드라이 이스트 ······ 1/4 작은술
	물 ······ 40g
	요거트 ······ 30g
	소금 ······ 5g
	쇼트닝 ······ 6g

덧가루 ······ 적당량

반죽 완성 온도: 26℃~27℃

만드는 방법

1 ······ [중종 만들기]

중종 재료를 볼에 넣고 고무 주걱으로 균일해질 때까지 섞는다.

랩 또는 샤워 캡을 씌워 30℃에서 60분간 둔다.

중종법

빵을 만들기 전에 반죽에 사용하는 밀가루, 이스트, 물의 일부를
미리 섞어서 발효시키는 방법을 '중종'이라고 부릅니다. 이 중종
과 남은 재료를 섞어서 본반죽을 만들어 발효시킵니다. 중종법으
로 빵을 만들면 부드럽고 볼륨이 생깁니다.

2 ······ [섞기]

다른 볼에 강력분과 이스트를 넣고 스크래퍼로 섞는다.

③ ······ **[치대기]**

큰 볼에 물과 요거트를 넣고 ①을 중종을 넣는다. 소금, ②를 순서대로 추기한다. 스크래퍼로 전체를 크게 섞는다.

가루가 없어지면 스크래퍼를 빼고 손으로 치댄다. 한 덩어리로 뭉쳐지면 작업대에 꺼낸다.

반죽을 잡아당기듯이 몇 차례 늘린 후 스크래퍼로 반죽을 정리한다. 두세 번 반복하면 반죽을 정리하여 90도로 방향을 바꾸면서 4분 정도 치댄다.

반죽을 한 덩어리로 뭉치고 아래로 밀어넣어 표면을 팽팽하고 매끄럽게 만든다. 반죽 아래쪽 뭉쳐있는 부분을 손가락으로 매끄럽게 다듬는다. 작은 볼에 넣는다. 반죽을 펼치고 쇼트닝을 올린 후 감싸서 3분간 치댄다.

제빵기

Home Bakery

제빵기를 사용할 때

1. 빵 틀에 중종 재료를 넣고 3분간 치댄다. 발효기능을 사용하여 30℃에서 60분간 둔다.
2. 빵 틀에 물, 요거트, 찢은 중종 → 강력분 → 소금 → 이스트를 순서대로 넣는다.
3. '반죽하기' 모드를 선택하여 5분간 치댄다. 스위치를 끄고 5분 두었다가 다시 3분 치댄다.
4. 쇼트닝을 넣고 다시 3분 치댄다.

④ ······ **[1차 발효]**

랩 또는 샤워 캡을 씌워 오븐의 발효 기능을 사용하여 30℃에서 50분간 둔다.

펀치

볼 옆면을 따라 스크래퍼로 한 바퀴 긁어서 반죽을 꺼낸다. 손으로 가볍게 눌러서 모양을 정리한 후 네 모서리를 집어 올려 가운데로 합친다. 반죽을 둥글리면서 표면을 정리하고 볼에 다시 넣는다.

1차 발효 이어하기

랩 또는 샤워 캡을 씌우고 30℃ 장소에 30분간 둔다. 볼의 90% 높이로 부풀 때까지 발효시킨다.

5 ⸱⸱⸱⸱⸱⸱ **[분할]**

캔버스 천과 반죽의 표면에 덧가루를 가볍게 뿌린다. 스크래퍼를 볼 옆면에 따라 한 바퀴 긁어서 반죽을 꺼낸다.

반죽의 무게를 재고 계산하여 스크래퍼로 2등분한다.

가볍게 눌러서 형태를 정리하고 사각 모서리를 들어서 중심에서 합쳐서 닫고 둥글려서 표면을 정리한다. 부드럽게 다시 둥글린다.

6 ⸱⸱⸱⸱⸱⸱ **[휴지]**

이음매가 아래로 오도록 캔버스 천 위에 둔다. 캔버스 천과 젖은 행주로 덮고 실온에서 15분간 둔다.

7 ⸱⸱⸱⸱⸱⸱ **[성형]** 23쪽 '수분 듬뿍 식빵' 만드는 방법 ⑧ 참고

이음매가 위로 오도록 두고 손으로 가볍게 누른다. 사각 모서리를 들어 올려 가운데에서 합쳐서 닫고 둥글리면서 표면을 정리한다. 가볍게 다시 둥글려서 틀에 넣는다.

8 ⸱⸱⸱⸱⸱⸱ **[최종 발효]**

28℃ 장소에서 60분간 둔다. 반죽 꼭대기가 틀의 90% 높이로 부풀 때까지 발효시킨다.

9 ⸱⸱⸱⸱⸱⸱ **[굽기]**

210℃로 예열한 오븐에 넣고 28분간 굽는다. 처음 7분간 스팀을 넣는다.

▶ 오븐에 스팀 기능이 없을 때는 표면에 충분히 스프레이로 물을 뿌린다.

다 구운 후 틀에서 꺼낸 뒤, 식힘망에 올려 식힌다.

하드 토스트

오븐

Baking Oven

생크림 식빵

촉촉하고 부드러우며 씹을수록 진한 맛이 느껴지는 식빵입니다.
미국산 밀가루 '이글'을 사용하여 폭신하고 볼륨이 충분한 속살이
특징입니다.

재료(340g 틀 1개 분량)

강력분 (이글) ······ 250g

인스턴트 드라이 이스트 ······ 1/2 작은술

물 ······ 150g

생크림 (유지방 35%~36%) ······ 45g

사탕수수설탕 ······ 20g

소금 ······ 5g

덧가루 ······ 적당량

반죽 완성 온도: 26℃~27℃

만드는 방법

1 ······ [섞기]

볼에 강력분과 이스트를 넣고 스크래퍼로 섞어둔다.

2 ······ [치대기]

큰 볼에 물과 생크림을 넣고 사탕수수설탕과 소금을 추가하여 그 위에 ①을 넣는다.

스크래퍼로 전체를 크게 섞는다. 가루가 없어지면 스크래퍼를 빼고 손으로 섞는다.

한 덩어리로 뭉쳐지면 작업대에 꺼낸다. 반죽을 잡아당기듯이 몇 차례 늘린 후 스크래퍼를 사용하여 반죽을 뭉친다. 잡아 늘렸다가 뭉치기 과정을 두세 번 반복하고 반죽을 정리하여 90도로 방향을 바꾸면서 8분간 치댄다.

촉촉함
✳✳✳

단맛
✳✳

탄력
✳✳

3 ⋯⋯ **[두드려 치대기]**

계속해서 두드려 치댄다. 반죽을 한 덩어리로 뭉쳐서 끝을 손가락으로 잡고 작업대에 내리친다. 반죽을 든 손이 작업대에 닿지 않도록 반죽만 앞쪽으로 비스듬히 내리친다.

늘어난 반죽을 반으로 접은 후 90도로 돌려 잡는 위치를 바꿔서 같은 방법으로 치댄다. 위치를 바꾸면서 20번 정도 반복한다.

반죽이 매끄러워지면 한 덩어리로 정리하고 겉을 아래로 밀어 매끄럽고 팽팽하게 만든다. 반죽 아래쪽 뭉쳐있는 부분을 매끄럽게 다듬는다.

작은 볼에 넣고 랩 또는 샤워 캡을 씌운다.

제빵기

Home Bakery

제빵기를 사용할 때

1. 빵 틀에 물, 생크림 → 강력분 → 설탕, 소금 → 이스트를 순서대로 넣는다.
2. '반죽하기' 모드를 선택하여 10분간 치댄다.

4 ⋯⋯ **[1차 발효]**

오븐의 발효 기능을 사용하여 30℃ 장소에서 50분간 둔다.

펀치

볼 옆면을 따라 스크래퍼로 한 바퀴 긁어서 반죽을 꺼낸다.

손으로 가볍게 눌러서 형태를 정리하고 사각 끝을 들어올려 중심으로 합쳐서 닫고 둥글린 후 표면을 정리하여 다시 볼에 넣는다.

1차 발효 이어하기

랩 또는 샤워 캡을 씌워 30℃에서 30분간 둔다. 볼의 90% 높이로 부풀 때까지 발효시킨다.

5 ⋯⋯ **[분할]**

캔버스 천과 반죽의 표면에 덧가루를 가볍게 뿌린다. 스크래퍼를 볼 옆면에 따라 한 바퀴 긁어서 반죽을 꺼낸다.

반죽의 무게를 재고 계산하여 스크래퍼로 3등분한다.

가볍게 눌러서 형태를 정리하고 사각 모서리를 들어서 중심에서 합쳐서 여미고 둥글러서 표면을 정리한다.

6 ...... **[휴지]**

이음매가 아래로 오도록 캔버스 천 위에 둔다. 캔버스 천과 젖은 행주로 덮고 실온에서 15분간 둔다.

7 ...... **[성형]** 7쪽 '탕종 식빵' 만드는 방법 ⑦을 참고

캔버스 천에 덧가루를 가볍게 뿌리고 이음매가 위로 오도록 반죽을 둔다.

각각 밀대로 눌러서 12cm 사각형을 만든다.

▶ 3단계로 나눠서 펼치면 깔끔한 사각형이 된다. 반죽의 가운데를 밀대로 눌러 상하좌우로 1/3씩 펼친다. 다음으로 가운데에서 상하좌우로 2/3씩 밀대로 민다. 마지막으로 가운데에서 반죽의 끝까지 상하좌우로 밀어서 펼친다.

앞쪽부터 돌돌 말아서 다 말은 후 확실하게 여민다. 이음매가 아래로 오도록 U자 모양으로 구부린다.

틀에 반죽을 서로 다른 방향으로 넣는다. 먼저 양 끝에 넣고 가운데를 마지막에 넣는다. 랩 또는 샤워 캡을 씌운다.

8 ...... **[최종 발효]**

30℃에서 60분간 둔다. 반죽의 꼭대기가 틀의 80% 높이로 부풀 때까지 발효시킨다.

9 ...... **[굽기]**

뚜껑을 덮고 190℃로 예열한 오븐에 넣고 30분간 굽는다. 다 구운 후에 틀에서 꺼낸 뒤, 식힘망에 올려 식힌다.

생크림 식빵

마스카르포네 식빵

버터 대신 마스카르포네를 넣었습니다. 우유의 진한 맛이
응축된 빵입니다. 탄력 있게 씹히는 맛이 좋고 섬세한 속살을
즐길 수 있습니다.

재료(340g 틀 1개 분량)

강력분 (이글) ······ 250g

인스턴트 드라이 이스트(샤프 금색) ······ 1/2 작은술

우유 ······ 180g

꿀 ······ 12g

사탕수수설탕 ······ 12g

소금 ······ 5g

마스카르포네 치즈 ······ 40g

덧가루 ······ 적당량

반죽 완성 온도: 26℃~27℃

만드는 방법

1 ······ [섞기]

볼에 강력분과 이스트를 넣고 스크래퍼로 섞어둔다.

2 ······ [치대기]

큰 볼에 우유와 꿀을 넣고 섞는다. 사탕수수설탕과 소금을 추가하여
그 위에 ①을 넣는다. 스크래퍼로 전체를 크게 섞는다. 가루가 없어
지면 스크래퍼를 빼고 손으로 섞는다.

한 덩어리로 뭉쳐지면 작업대에 꺼낸다. 반죽을 잡아당기듯이 몇 차
례 늘린 후 스크래퍼를 사용하여 반죽을 뭉친다. 잡아 늘렸다가 뭉치
기 과정을 두세 번 반복하면 반죽을 정리하여 90도로 방향을 바꾸면
서 4분간 치댄다.

반죽을 넓히고 마스카르포네 치즈를 올려서 감싼 후 다시 4분간 치
댄다.

촉촉함
✳✳✳

농후한 맛
✳✳

탄력
✳✳

반죽을 한 덩어리로 정리한 후 손바닥으로 쓸어내려 겉면을 팽팽하고 매끄럽게 정리한다. 반죽 아래쪽 뭉쳐있는 부분을 매끄럽게 다듬는다.

작은 볼에 넣고 랩 또는 샤워 캡을 씌운다.

제빵기를 사용할 때

1. 빵 틀에 우유, 꿀 → 강력분 → 설탕, 소금 → 이스트를 순서대로 넣는다.
2. '반죽하기' 모드를 선택하여 5분간 치댄다.
3. 마스카르포네 치즈를 넣고 다시 3분간 치댄다.

3 ······ [1차 발효]

오븐의 발효 기능을 사용하여 30℃ 장소에서 50분간 둔다.

펀치

볼 옆면을 따라 스크래퍼로 한 바퀴 긁어서 반죽을 꺼낸다. 손으로 가볍게 눌러서 모양을 정리한 후 네 모서리를 집어 올려 가운데로 합친다. 반죽을 둥글리면서 표면을 정리하고 볼에 다시 넣는다.

1차 발효 이어하기

랩 또는 샤워 캡을 씌워 30℃ 장소에 30분간 둔다. 볼의 90% 높이로 부풀 때까지 발효시킨다.

4 ······ [분할]

캔버스 천과 반죽의 표면에 덧가루를 가볍게 뿌린다. 스크래퍼를 볼 옆면에 따라 한 바퀴 긁어서 반죽을 꺼낸다.

반죽의 무게를 재고 계산하여 스크래퍼로 3등분한다.

가볍게 눌러서 모양을 정리한 후 네 모서리를 집어 올려 가운데로 합친다. 반죽을 둥글려서 표면을 정리한 후 볼에 다시 넣는다.

5 ······ **[휴지]**

이음매가 아래로 오도록 캔버스 천 위에 둔다. 캔버스 천과 젖은 행주로 덮고 실온에서 15분간 둔다.

6 ······ **[성형]** 27쪽 '탕종 식빵' 만드는 방법 ⑦참고

캔버스 천에 덧가루를 가볍게 뿌리고 이음매가 위로 오도록 반죽을 올린다.

각각 밀대로 눌러서 12cm 사각형을 만든다.

▶ 3단계로 나눠서 펼치면 깔끔한 사각형이 된다. 반죽의 가운데를 밀대로 눌러 상하좌우로 1/3씩 펼친다. 그 다음 가운데에서 상하좌우로 2/3씩 밀대로 민다. 마지막으로 가운데에서 반죽의 끝까지 상하좌우로 밀어서 펼친다.

앞쪽부터 돌돌 말고 다 말은 후 확실하게 닫는다. 이음매가 아래로 오도록 U자 모양으로 구부린다.

틀에 반죽을 교차되게 넣는다. 먼저 좌우에 넣고 마지막에 가운데에 넣는다. 랩 또는 샤워 캡을 씌운다.

7 ······ **[최종 발효]**

30℃ 장소에서 60분간 둔다. 반죽 꼭대기가 틀의 80% 높이로 부풀 때까지 발효시킨다.

8 ······ **[굽기]**

뚜껑을 덮고 190℃로 예열한 오븐에 넣고 30분간 굽는다.
다 구운 후에 틀에서 꺼낸 뒤, 식힘망에 올려 식힌다.

마스카르포네 식빵

오븐

Baking Oven

농후한 저온 숙성 식빵

냉장고에서 저온으로 장시간 발효시키면 밀가루 심지까지 수분이 침투합니다.
감칠맛과 촉촉한 느낌으로 자연스러운 단맛을 끌어낸 식빵입니다.

촉촉함	✽✽✽
감칠맛	✽✽✽
바삭바삭	✽✽

재료(340g 틀 1개 분량)

강력분(하루유타카) ······ 250g

인스턴트 드라이 이스트 ······ 1/4 작은술

물 ······ 168g

분말 크림(크리프)* ······ 8g

꿀 ······ 10g

소금 ······ 4g

발효버터 ······ 10g

(무염, 1cm 크기로 깍둑썰기하여 냉장고에 넣어둔다.)

덧가루 ······ 적당량

반죽 완성 온도: 26℃~27℃

* 크리프creap: 일본 모리나가 유업의 크림 분말 제품.
  대체 재료로는 전지분유whole milk powder가 가장 근접하다.

만드는 방법

1 ······ [섞기]

볼에 강력분과 이스트를 넣고 스크래퍼로 섞어둔다.

2 ······ [치대기]

큰 볼에 물, 분말 크림, 꿀을 넣고 섞는다. 소금을 추가하여 그 위에 ①
을 넣는다. 스크래퍼로 전체를 크게 섞는다. 가루가 없어지면 스크래
퍼를 빼고 손으로 섞는다.

한 덩어리로 뭉쳐지면 작업대에 꺼낸다. 반죽을 잡아당기듯이 몇 차
례 늘린 후 스크래퍼로 반죽을 정리한다. 두세 번 반복하면서 반죽을
정리한 후 90도로 방향을 바꿔가며 4분간 치댄다.

반죽을 넓혀 버터를 올리고 다시 4분간 치댄다. 반죽을 한 덩어리로 정리해서 손바닥으로 둥글게 쓸어내려 표면을 팽팽하고 매끄럽게 만든다. 반죽 아래쪽 뭉쳐있는 부분을 매끄럽게 다듬는다.

작은 볼에 넣고 랩 또는 샤워 캡을 씌운다.

제빵기
Home Bakery

제빵기를 사용할 때

1. 빵 틀에 물, 분말 크림, 꿀 → 강력분 → 소금 → 이스트를 순서대로 넣는다.
2. '반죽하기' 모드를 선택하여 5분간 치댄다.
3. 버터를 넣고 다시 3분간 치댄다.

3 …… [1차 발효]

오븐의 발효 기능을 사용하여 30℃ 장소에서 30분간 둔다.

냉장 발효

볼 옆면을 따라 스크래퍼로 한 바퀴 긁어서 반죽을 꺼내서 작은 볼에 넣는다. 랩 또는 샤워 캡을 씌워서 냉장고에서 18시간 둔다.

1차 발효 이어하기

냉장고에서 꺼내서 30℃ 장소에 60분~90분간 둔다. 볼의 90% 높이로 부풀 때까지 발효시킨다.

4 …… [분할]

캔버스 천과 반죽의 표면에 덧가루를 가볍게 뿌린다.

스크래퍼를 볼 옆면에 따라 한 바퀴 긁어서 반죽을 꺼낸다. 반죽의 무게를 재고 계산하여 스크래퍼로 2등분한다.

손으로 가볍게 눌러서 모양을 정리한 후 네 모서리를 집어 올려 가운데로 합친다. 반죽을 둥글리면서 표면을 정리하여 볼에 다시 넣는다.

5 ⋯⋯ **[휴지]**

이음매가 아래로 오도록 캔버스 천 위에 둔다. 캔버스 천과 젖은 행주로 덮고 실온에서 15분간 둔다.

6 ⋯⋯ **[성형]**

18쪽~19쪽 '쫄깃쫄깃 심플한 식빵'의 만드는 방법 ⑥을 참고

캔버스 천에 덧가루를 가볍게 뿌리고 이음매가 위로 오도록 반죽을 올린다.

각각 밀대로 눌러서 15cn×12cm 세로가 긴 직사각형을 두 개 만든다.
▶ 반죽의 끝을 손으로 눌러서 기포가 빠져나가도록 한다.
반죽을 좌우로 1/3씩 접어 가운데에서 조금 겹치도록 한다. 한쪽을 접을 때마다 겹쳐진 부분에서 기포가 빠져나가도록 누른다.

안쪽부터 느슨해지지 않도록 만다. 한번 말 때마다 반죽을 눌러서 표면을 팽팽하게 만들고 다 말은 후 이음매를 확실하게 여민다.

말린 끝이 아래로 오도록 왼쪽 반죽은 '9'를 눕힌 모양으로 넣고 오른쪽은 반시계로 돌려서 각각 틀의 양쪽 끝에 넣는다.

7 ⋯⋯ **[최종 발효]**

30℃ 장소에서 60분~90분간 둔다. 반죽 꼭대기가 틀의 90% 높이로 부풀 때까지 발효시킨다.

▶ 냉장발효 반죽은 발효에 시간이 걸리기도 한다.

8 ⋯⋯ **[굽기]**

180℃로 예열한 오븐에 넣고 30분간 굽는다. 다 구운 후에 틀에서 꺼낸 뒤, 식힘망에 올려 식힌다.

농후한 저온 숙성 식빵

바삭바삭 식빵

풍미가 산뜻하고 바삭바삭하게 구워져서 먹고 또 먹어도 질리지 않습니다.
중종법으로 볼륨을 내어 맛의 밸런스가 좋습니다.

바삭바삭
❋❋❋
볼륨
❋❋❋
탄력
❋❋

재료(340g 틀 1개 분량)

중종	준강력분(미나미노 메구미) …… 100g
	인스턴트 드라이 이스트 …… 1/4 작은술
	물 …… 60g
본반죽	본반죽 강력분(미나미노 메구미) …… 150g
	인스턴트 드라이 이스트 …… 1/4 작은술
	물 …… 30g
	우유 …… 80g
	연유 …… 12g
	소금 …… 4g
	버터 …… 18g
	(무염, 1cm 크기로 깍둑썰기하여 냉장고에 넣어둔다.)

덧가루 …… 적당량

반죽 완성 온도: 26℃~27℃

만드는 방법

1 …… [중종을 만든다]

중종 재료를 볼에 넣는다. 스크래퍼로 전체를 대충 섞어서 손으로 균일해질 때까지 치댄다.

랩 또는 샤워 캡을 씌워서 30℃에서 50분간 둔다.

2 …… [섞기]

다른 볼에 강력분과 이스트를 넣고 스크래퍼로 섞는다.

3 …… [치대기]

큰 볼에 물, 우유, 연유를 넣고 ①을 중종을 4~5개 찢어서 넣는다. 소금을 넣고 ②를 넣는다.

스크래퍼로 전체를 크게 섞는다. 가루가 없어지면 손으로 섞는다. 한 덩어리로 뭉쳐지면 작업대에 꺼낸다.

반죽을 여러 차례 잡아당겨서 늘리고 스크래퍼로 반죽을 뭉친다. 잡아 늘렸다가 뭉치기 과정을 두세 번 반복하면 반죽을 정리하여 90도로 방향을 바꾸면서 4분 정도 치댄다.

반죽을 넓히고 버터를 올리고 다시 4분간 치댄다. 반죽을 한 덩어리로 정리해서 손바닥으로 둥글게 쓸어내려 표면을 팽팽하게 만든다. 반죽 아래쪽 뭉쳐진 부분은 매끄럽게 다듬는다.

작은 볼에 넣고 랩 또는 샤워 캡을 씌운다.

4 ┈┈ **[1차 발효]**

오븐의 발효 기능을 사용하여 30℃ 장소에서 50분~60분 간 둔다. 볼의 90% 높이로 부풀 때까지 발효시킨다.

5 ┈┈ **[분할]**

캔버스 천과 반죽의 표면에 덧가루를 가볍게 뿌리고 스크래퍼로 반죽을 꺼낸다.

반죽의 무게를 재고 계산하여 스크래퍼로 2등분한다. 가볍게 눌러서 모양을 정리한 후 네 모서리를 집어 올려 가운데에서 합친다. 반죽을 둥글리면서 표면을 정리하여 볼에 다시 넣는다.

6 ┈┈ **[휴지]**

이음매가 아래로 오도록 캔버스 천 위에 올린다. 캔버스 천과 젖은 행주로 덮고 실온에서 15분간 둔다.

제빵기

Home Bakery

제빵기를 사용할 때

1. 빵 틀에 중종 재료를 넣고 3분간 치댄다. 30℃로 50분간 둔다.
2. 빵 틀에 물, 우유, 연유, 덜어낸 중종 → 강력분 → 소금 → 이스트를 순서대로 넣는다.
3. '반죽하기' 모드를 선택하여 5분간 치댄다.
4. 버터를 넣고 다시 3분간 치댄다.

7 ······ [성형]

18쪽~19쪽 '쫄깃쫄깃 심플한 식빵'의 만드는 방법 ⑥을 참고

캔버스 천에 덧가루를 가볍게 뿌리고 이음매가 위로 오도록 반죽을
올린다.

각각 밀대로 눌러서 15cn×12cm 세로가 긴 직사각형을 두 개 만든다.
▶ 반죽의 끝을 손으로 눌러서 기포가 빠져나가도록 한다.
반죽을 좌우로 1/3씩 접고 가운데에서 조금 겹치도록 한다. 한쪽을 접
을 때 겹친 반죽 주변의 기포가 빠져나가도록 누른다.

안쪽부터 느슨해지지 않도록 만다. 한번 말 때마다 반죽을 눌러서 표면
을 팽팽하게 만들고 다 말은 후 이음매를 확실하게 여민다.

말린 끝이 아래로 오도록 왼쪽 반죽은 '9'를 눕힌 모양으로 넣고 오른
쪽은 반시계로 돌려서 각각 틀의 양쪽 끝에 넣는다.

8 ······ [최종 발효]

28℃ 장소에서 50분간 둔다. 반죽 꼭대기가 틀의 90% 높이로 부풀
때까지 발효시킨다.

9 ······ [굽기]

180℃로 예열한 오븐에 넣고 30분간 굽는다. 다 구운 후에 틀에서 꺼
낸 뒤, 식힘망에 올려 식힌다.

바삭바삭 식빵

벌꿀 식빵

Baking Oven

벌꿀의 향기가 강하게 느껴지지만, 단맛은 뜻밖에도 은은합니다. 씹을 때 폭신폭신한 식감이 기분 좋은 식빵입니다. 중종법으로 반죽하여 특유의 탄력이 생깁니다.

재료(340g 틀 1개 분량)

중종	준강력분 (오션)··· 100g
	인스턴트 드라이 이스트··· 1/8 작은술
	물··· 60g
	벌꿀··· 6g
본반죽	강력분(벨 물랭)··· 150g
	인스턴트 드라이 이스트··· 1/2 작은술
	물··· 110g
	분말 크림(크리프)··· 5g
	벌꿀··· 15g
	소금··· 5g
	버터··· 10g
	(무염, 1cm 크기로 깍둑썰기하여 냉장고에 넣어둔다.)

덧가루 ······ 적당량

반죽 완성 온도: 26℃~27℃

만드는 방법

1 ······ [중종을 만든다]

중종 재료를 볼에 넣는다. 스크래퍼로 전체를 대충 섞어서 손으로 균일해질 때까지 치댄다.

랩 또는 샤워 캡을 씌워서 30℃에서 90분간 둔다.

2 ······ [섞기]

다른 볼에 강력분과 이스트를 넣고 스크래퍼로 섞는다.

3 ······ [치대기]

큰 볼에 물, 분말 크림, 벌꿀을 넣고 섞어서 녹인다. 중종을 4개 5개 찢어서 넣는다. 소금을 넣고 ②를 넣는다.

볼륨
✳✳✳
탄력
✳✳✳
단맛
✳

스크래퍼로 전체를 크게 섞는다. 가루가 없어지면 손으로 섞는다. 한 덩어리로 뭉쳐지면 작업대에 꺼낸다.

반죽을 여러 차례 잡아당겨서 늘리고 스크래퍼로 정리한다. 두세 번 반복한 후 반죽을 정리하고 90도로 방향을 바꿔가며 4분 정도 치댄다.

반죽을 넓히고 버터를 올리고 다시 4분간 치댄다. 반죽을 한 덩어리로 정리해서 손바닥으로 둥글게 쓸어내려 표면을 팽팽하고 매끄럽게 만든다. 반죽 아래쪽 뭉쳐있는 부분을 매끄럽게 다듬는다.

작은 볼에 넣고 랩 또는 샤워 캡을 씌운다.

제빵기

Home Bakery

제빵기를 사용할 때

1. 빵 틀에 중종 재료를 넣고 3분간 치댄다. 30℃로 90분간 둔다.
2. 빵 틀에 물, 크리프, 벌꿀, 덜어낸 중종 → 강력분 → 소금 → 이스트를 순서대로 넣는다.
3. '반죽하기' 모드를 선택하여 5분간 치댄다.
4. 버터를 넣고 다시 3분간 치댄다.

4 ...... **[1차 발효]**
오븐의 발효 기능을 사용하여 30℃에서 50분 간 둔다.

펀치
스크래퍼를 볼의 옆면을 따라 한 바퀴 긁어서 반죽을 꺼낸다. 손으로 가볍게 눌러서 모양을 정리한 후 네 모서리를 집어 올려 가운데로 합친다. 반죽을 둥글리면서 표면을 정리하고 볼에 다시 넣는다.

1차 발효 이어하기
랩 또는 샤워 캡을 씌우고 30℃에 30분간 둔다. 볼의 90% 높이로 부풀 때까지 발효시킨다.

5 ...... **[분할]**
캔버스 천과 반죽의 표면에 덧가루를 가볍게 뿌리고 스크래퍼로 반죽을 꺼낸다.

반죽의 무게를 재고 계산하여 스크래퍼로 2등분한다. 손으로 가볍게 눌러서 모양을 정리한 후 네 모서리를 집어 올려 가운데로 합친다. 반죽을 둥글리면서 표면을 정리하고 볼에 다시 넣는다.

6 ⋯⋯ **[휴지]**

이음매가 아래로 오도록 캔버스 천 위에 둔다. 캔버스 천과 젖은 행주
로 덮고 실온에서 15분간 둔다.

7 ⋯⋯ **[성형]**

18쪽~19쪽 '쫄깃쫄깃 심플한 식빵'의 만드는 방법 ⑥을 참고
캔버스 천에 덧가루를 가볍게 뿌리고 이음매가 위로 오도록 반죽을
올린다.

각각 밀대로 눌러서 15cn×12cm 세로가 긴 직사각형을 두 개 만든다.
▶ 반죽의 끝을 손으로 눌러서 기포가 빠져나가도록 한다.
반죽을 좌우로 1/3씩 접고 가운데에서 조금 겹치도록 한다. 한쪽을 접
을 때 겹친 반죽 주변의 기포가 빠져나가도록 누른다.

안쪽부터 느슨해지지 않도록 만다. 한번 말 때마다 반죽을 눌러서 표면
을 팽팽하게 만들고, 다 말은 후 이음매를 확실하게 여민다.

말린 끝이 아래로 오도록 왼쪽 반죽은 '9'를 눕힌 모양으로 넣고 오른
쪽은 반시계로 돌려서 각각 틀의 양쪽 끝에 넣는다.

8 ⋯⋯ **[최종 발효]**

30℃에서 50분간 둔다. 반죽 꼭대기가 틀의 90% 높이로 부풀 때까
지 발효시킨다.

9 ⋯⋯ **[굽기]**

210℃로 예열한 오븐에 넣고 28분간 굽는다. 처음 7분간 스팀을 한다.

▶ 스팀 기능이 없을 때는 표면에 스프레이로 물을 듬뿍 분사한다.

다 구운 후에 틀에서 꺼낸 뒤, 식힘망에 올려 식힌다.

벌꿀 식빵

두유 식빵

반죽에 두유를 넣으면 독특한 탄력이 생깁니다. 가장자리가 또렷하게 생기고 속살은 촉촉하여 식감의 차이를 즐길 수 있습니다. 분할하지 않고 한 덩어리로 만들어서 가벼운 느낌을 살립니다.

재료(340g 틀 1개 분량)

탕종	강력분 (이글) …… 35g
	끓는 물 …… 35g
본반죽	강력분(이글) …… 215g
	인스턴트 드라이 이스트 …… 1/2 작은술
	물 …… 70g
	두유 …… 100g
	사탕수수설탕 …… 15g
	소금 …… 5g
	버터 …… 12g
	(무염, 1cm 크기로 깍둑썰기하여 냉장고에 넣어둔다.)

덧가루 …… 적당량

반죽 완성 온도: 26℃~27℃

만드는 방법

1 …… [전날 탕종 만들기]

1. 강력분을 볼에 넣고 끓는 물을 추가한다. 화상에 주의하자. … **a**
2. 곧바로 고무 주걱 등으로 전체를 잘 섞는다. … **b**
   손으로 만질 수 있는 온도까지 식힌 후 랩으로 꼭 감싼다.
3. 봄, 여름, 가을에는 반죽이 식으면 냉장고의 채소칸에 넣고 12시간 둔다. 겨울에는 실온에서 12시간 둔다.

| 탄력 |
| ✳✳✳ |
| 촉촉함 |
| ✳✳ |
| 촘촘한 조직 |
| ✳✳ |

2 ······ **[섞기]**

볼에 강력분과 이스트를 넣고 스크래퍼로 섞어둔다.

3 ······ **[치대기]**

볼에 물과 두유를 넣고 탕종 2~3덩이를 덜어서 넣는다. 사탕수수설탕과 소금을 추가하고 ②를 넣는다.

스크래퍼로 전체를 크게 섞는다. 가루기가 없어지면 손으로 섞는다.

하나로 뭉쳐지면 작업대에 꺼낸다. 반죽을 여러 차례 잡아 늘린 후 스크래퍼로 정리한다. 두세 번 반복하면 반죽을 정리하여 90도로 방향을 바꿔가며 4분 정도 치댄다.

반죽을 한 덩어리로 만든 후 손바닥으로 둥글게 쓸어내려 겉면을 팽팽하고 매끄럽게 만든다.

아래 반죽을 손가락 끝으로 집어서 여민다. 작은 볼에 넣고 랩 또는 샤워 캡을 씌운다.

4 ······ **[1차 발효]**

오븐의 발효 기능을 사용하여 30℃ 장소에 70분~80분 간 둔다. 볼의 90% 높이로 부풀 때까지 발효시킨다.

제빵기

Home Bakery

제빵기를 사용할 때

1. 빵 틀에 물, 두유, 덜어낸 탕종→ 강력분 → 설탕, 소금 → 이스트 순서대로 넣는다.
2. '반죽하기' 모드를 선택해서 4분간 치댄다.
3. 버터를 추가하여 3분간 계속 치댄다.

5 ‥‥‥ [휴지]

캔버스 천에 덧가루를 가볍게 뿌리고 스크래퍼로 반죽을 꺼낸다.

반죽을 다시 둥글려 표면을 팽팽하게 만든다. 이음매가 아래로 오도록 캔버스 천 위에 올리고 캔버스 천과 젖은 행주를 덮어서 실온에서 15분간 둔다.

6 ‥‥‥ [성형]

34쪽 '고급 호텔 식빵'의 만드는 방법 ⑤를 참고

캔버스 천에 덧가루를 가볍게 뿌리고 이음매가 위로 오도록 반죽을 올린다.

밀대로 펼쳐서 16cm×20cm 정도 직사각형으로 만든다.

▶ 3단계로 나눠서 펼치면 깔끔한 사각형이 된다. 반죽의 가운데를 밀대로 눌러 상하좌우로 1/3씩 펼친다. 다음으로 가운데에서 상하좌우로 2/3씩 밀대로 민다. 마지막으로 가운데에서 반죽의 끝까지 상하좌우로 밀어서 펼친다.

안쪽부터 느슨해지지 않도록 만든다. 한번 말 때마다 반죽을 눌러서 표면을 팽팽하게 만든다. 다 말은 후에는 이음매를 확실하게 여민다. 이음매가 아래로 오도록 틀에 넣는다.

7 ‥‥‥ [최종 발효]

30℃ 장소에서 60분간 둔다. 반죽 꼭대기가 틀의 90% 높이로 부풀 때까지 발효시킨다.

8 ‥‥‥ [굽기]

180℃로 예열한 오븐에 30분간 굽는다.
다 구운 후에 틀에서 꺼낸 뒤, 식힘망에 올려 식힌다.

두유 식빵

브리오슈 미니식빵

Baking Oven

버터와 달걀을 듬뿍 넣어 리치한 풍미의 브리오슈 식빵입니다. 미니식빵 틀로 작게
만들어 리예트와 함께 먹기에 아주 좋습니다. 하루 지난 후에는 프렌치 토스트로
만들면 좋습니다.

재료(340g 틀 1개 분량)

준강력분(리스도오르) ······ 150g

강력분(벨 물랭) ······ 100g

인스턴트 드라이 이스트 ······ 1/2 작은술

물 ······ 30g

달걀 ······ 150g (약 3개)

사탕수수설탕 ······ 25g

소금 ······ 6g

발효버터 ······ 100g

(무염, 5mm 크기로 깍둑썰기하여 냉장고에 넣어둔다.)

달걀물(마무리용) ······ 적당량

덧가루 ······ 적당량

반죽 완성 온도: 23℃

만드는 방법

1 ······ [섞기]

볼에 준강력분, 강력분, 이스트를 넣고 스크래퍼로 섞어 둔다.

2 ······ [치대기]

큰 볼에 물과 달걀을 넣고 풀어 놓는다. 사탕수수설탕, 소금을 추가하
고 그 위에 ①을 넣는다. 스크래퍼로 전체를 크게 섞는다. 가루가 없
어지면 손으로 섞는다.

한 덩어리가 되면 작업대로 꺼낸다. 반죽을 잡아당기듯이 몇 차례 늘
린 후 스크래퍼로 반죽을 정리한다. 두세 번 반복하면 반죽을 정리하
여 90도로 방향을 바꿔가며 6분 정도 치댄다.

반죽을 펼쳐서 버터의 1/3을 올리고 감싼 뒤 다시 치댄다. 반죽을 잡
아 당겨서 늘리고 다시 정리하는 작업을 반복한다.

껍질 바삭바삭
✳✳✳

폭신폭신
✳✳✳

리치함
✳✳✳

버터 덩어리가 안 보이면 남은 버터 분량 중 절반을 넣고 치댄다. 골고루 섞이면 남은 버터를 넣고 치댄다. 5분~6분 안에 버터를 전부 넣도록 한다.

계속해서 두드려서 치댄다. 반죽을 한 덩어리로 만들어 작업대에 내리치고 늘어난 반죽을 반으로 접은 후 90도로 돌려 잡는 위치를 바꿔서 똑같은 요령으로 치댄다. 1분간 반복한다.

반죽을 한 덩어리로 만든 후 손바닥으로 둥글게 쓸어내려 겉면을 팽팽하고 매끄럽게 만든다. 반죽 아래쪽 뭉쳐있는 부분도 매끄럽게 다듬는다. 작은 볼에 넣고 랩 또는 샤워 캡을 씌운다.

③ ······ [1차 발효]
오븐의 발효 기능을 사용하여 30℃ 장소에서 20분간 둔다.

제빵기

Home Bakery

제빵기를 사용할 때

1. 빵 틀을 냉장고에서 차갑게 식혀 둔다. 빵 틀에 차가운 물, 달걀 → 준강력분, 강력분 → 설탕, 소금 → 이스트 순서대로 넣는다.
2. '반죽하기' 모드를 선택하여 6분간 치댄다.
3. 버터를 넣고 다시 5분간 치댄다.

1차 펀치

볼 옆면을 따라 스크래퍼로 한 바퀴 긁어서 반죽을 꺼낸다. 손으로 가볍게 눌러서 모양을 정리한 후 네 모서리를 집어 올려 가운데로 합친다. 반죽을 둥글리면서 표면을 정리하여 볼에 다시 넣는다.

1차 발효 이어하기

랩 또는 샤워 캡을 씌워 30℃ 장소에 20분간 둔다.

2차 펀치

1차 펀치와 같은 방법으로 펀치한 후 작은 볼에 넣는다.

냉장 발효

랩 또는 샤워 캡을 씌워서 냉장고에서 12시간 둔다. 작은 볼의 70% 높이로 부풀 때까지 발효시킨다.

④ ······ [분할]
캔버스 천과 반죽에 덧가루를 가볍게 뿌리고 스크래퍼로 반죽을 꺼낸다. 반죽의 무게를 재고 계산하여 스크래퍼로 3등분한다.

▶ 반드시 냉장고에서 꺼내서 차가운 상태에서 작업할 것. 유지방이 많은 반죽으로 온도가 올라가면 다루기 힘들어진다.

5 ······ **[휴지]**

각각의 반죽을 둥글려서 이음매가
아래로 오도록 캔버스 천에 올리고
캔버스 천과 젖은 행주로 덮고 실온
에서 15분간 둔다.

6 ······ **[성형]**

캔버스 천에 덧가루를 가볍게 뿌리고 이음매가 위로 오도록 반죽을
올린다.

밀대로 각각 12cm×15cm 정도 사각형으로 만든다. ··· **a**
안쪽부터 느슨해지지 않도록 만다. 한번 말 때마다 반죽을 눌러서 표
면을 팽팽하게 만든다. ··· **b**
다 말은 후 이음매를 확실하게 여민다.

이음매가 아래로 오도록 틀에 넣는다. ··· **c**
랩 또는 샤워 캡을 씌운다

7 ······ **[최종 발효]**

28℃ 장소에 90분간 둔다. 반죽 꼭대기가 틀의 70% 높
이까지 부풀면 끝낸다.

▶ 반죽이 차가워서 시간이 걸린다.

8 ······ **[성형]**

겉면에 달걀물을 바른다.

200℃로 예열한 오븐에 넣고 23분간 굽는다. 다 구운 후에 틀에서 꺼
낸 뒤, 식힘망에 올려 식힌다.

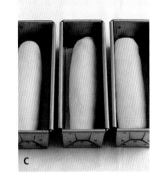

⬤ **340g 틀 틀에 구울 때**

· 만드는 방법 ④에서 분할하지 않고 ⑥에서
  16cm×22cm로 펼친다.
· 최종 발효는 28℃에서 120분간 둔다.
· 200℃ 오븐에서 32분간 굽는다.

브리오슈 미니식빵

오븐

쌀가루 미니식빵

Baking
Oven

마치 구운 떡처럼 겉은 바삭바삭하고 속은 쫄깃쫄깃합니다. 감주를
충분히 추가하여 부드러운 풍미와 단맛이 느껴집니다.

쫄깃쫄깃
＊＊＊

껍질 바삭바삭
＊＊＊

가벼움
＊＊

재료(340g 틀 1개 분량)

탕종	쌀가루(Riz Farine) …… 75g
	끓는 물 …… 75g
본반죽	강력분(유메치카라 브랜드) …… 175g
	인스턴트 드라이 이스트 …… 1/2 작은술
	물 …… 35g
	감주 …… 100g(누룩으로 만든 스트레이트 타입)
	소금 …… 5g
	미강유 …… 12g

쌀가루 (완성용) …… 적당량

덧가루 …… 적당량

반죽 완성 온도: 26℃~27℃

만드는 방법

1 …… **[탕종 만들기]** 25쪽 '탕종 식빵' 참고

볼에 쌀가루를 넣고 끓는 물을 추가한다.

▶ 화상 주의.

곧바로 고무 주걱으로 휘저어서 전체를 골고루 섞는다. 식을 때까지
그대로 둔다.

2 …… **[섞기]**

다른 볼에 강력분과 이스트를 넣고 스크래퍼로 섞어둔다.

3 ······ **[치대기]**

큰 볼에 물, 감주, 미강유를 넣고 탕종은 4~5덩이를 덜어 넣는다. 소금과 ②를 추가한다.

스크래퍼로 크게 섞는다. 가루가 없어지면 손으로 섞는다.

하나로 뭉쳐지면 작업대에 꺼낸다. 반죽을 늘린 후 스크래퍼로 반죽을 뭉친다. 잡아 늘렸다가 뭉치기 과정을 두세 번 반복하면 반죽을 정리하여, 90도로 방향을 바꾸면서 6분 정도 치댄다.

반죽을 한 덩어리로 만든 후 손바닥으로 둥글게 쓸어내려 겉면을 팽팽하고 매끄럽게 만든다.

반죽 아래쪽 뭉쳐있는 부분을 매끄럽게 다듬는다. 작은 볼에 넣고 랩 또는 샤워 캡을 씌운다.

4 ······ **[1차 발효]**

오븐의 발효 기능을 사용하여 30℃ 장소에 70~80분간 둔다. 볼의 80% 높이로 부풀 때까지 발효시킨다.

5 ······ **[분할]**

캔버스 천과 반죽에 덧가루를 조금 뿌리고 스크래퍼로 반죽을 꺼낸다.

반죽의 무게를 재고 계산하여 스크래퍼로 3분할 한다.

6 ······ **[휴지]**

각각 가볍게 둥글리고 이음매가 아래로 오도록 캔버스 천 위에 올리고 캔버스 천과 젖은 행주를 덮어서 실온에서 15분간 둔다.

제빵기

Home Bakery

제빵기를 사용할 때

1. 빵 틀에 물, 감주, 덜어낸 탕종→ 강력분 → 소금, 쌀기름 → 이스트 순서대로 넣는다.
2. '반죽하기' 모드를 선택해서 6분간 치댄다.

7 ⋯⋯ **[성형]**

캔버스 천에 덧가루를 가볍게 뿌리고 이음매가 위로 오도록 반죽을 올린다. 밀대로 각각 12cm×15cm 사각형으로 펼친다.

안쪽부터 느슨해지지 않도록 만다. 한번 말 때마다 반죽을 눌러서 표면을 팽팽하게 만든다. 다 말은 후 이음매를 확실하게 여민다.

이음매가 아래로 오도록 반죽을 한 개씩 틀에 넣고 랩 또는 샤워 캡을 씌운다.

8 ⋯⋯ **[최종 발효]**

30℃ 장소에서 45분간 둔다. 반죽 꼭대기가 틀의 80% 높이로 부풀 때까지 발효시킨다.

9 ⋯⋯ **[굽기]**

표면에 거름망으로 쌀가루를 충분히 뿌린다.

180℃로 예열한 오븐에 25분간 굽는다. 다 구운 후에 틀에서 꺼낸 뒤, 식힘망에 올려 식힌다.

쌀가루 미니 식빵

Baking Oven

시나몬 롤 식빵

시나몬 슈거를 뿌리고 돌돌 말아서 한 덩어리로 굽습니다. 소용돌이 모양이
재미있죠. 커피와 궁합이 아주 잘 맞아서 아침 식사나 간식, 어디에나
어울리는 빵입니다.

재료(340g 틀 1개 분량)

강력분(하루요 코이) …… 250g

인스턴트 드라이 이스트(샤프 금색) …… 1/2 작은술

우유 …… 200g

사탕수수설탕 …… 25g

소금 …… 5g

발효버터 …… 20g

(무염, 1cm 크기로 깍둑썰기하여 냉장고에 넣어둔다.)

시나몬 슈거

| 그래뉴당 …… 35g

| 시나몬 파우더 …… 4g

달걀물(마무리용) …… 적당량

덧가루 …… 적당량

반죽 완성 온도: 26℃~27℃

만드는 방법

1 …… [섞기]

볼에 강력분과 이스트를 넣고 스크래퍼로 섞는다.

2 …… [치대기]

큰 볼에 우유를 넣는다. 사탕수수설탕, 소금을 추가하고 그 위에 ①을
넣는다. 스크래퍼로 전체를 크게 섞는다. 가루가 없어지면 손으로 섞
는다. 한 덩어리가 되면 작업대로 꺼낸다.

반죽을 잡아당기듯이 몇 차례 늘린 후 스크래퍼로 반죽을 정리한다.
두세 번 반복하면 반죽을 정리하여 90도로 방향을 바꾸면서 4분 정
도 치댄다.

반죽을 펼치고 버터를 올려서 감싼 후 다시 4분간 치댄다. 반죽을 한
덩어리로 만든 후 손바닥으로 둥글게 쓸어내려 겉면을 팽팽하고 매
끄럽게 만든다.

탄력
✳✳✳
단맛
✳✳✳
쫄깃쫄깃
✳✳

반죽 아래쪽 뭉쳐있는 부분을 매끄럽게 다듬는다. 작은 볼에 넣고 랩 또는 샤워 캡을 씌운다.

3 ······ [1차 발효]

오븐의 발효 기능을 사용하여 30℃ 장소에서 90분간 둔다. 볼의 90% 높이로 부풀 때까지 발효시킨다.

4 ······ [휴지]

캔버스 천과 반죽에 덧가루를 가볍게 뿌리고 스크래퍼로 반죽을 꺼낸다. 둥글려서 이음매가 아래로 오도록 캔버스 천에 둔다.

천과 젖은 행주를 덮어 실온에서 15분간 둔다.

제빵기
Home Bakery **제빵기를 사용할 때**

1. 빵 틀에 우유 → 강력분 → 설탕, 소금 → 이스트 순서대로 넣는다.
2. '반죽하기' 모드를 선택하여 5분간 치댄다.
3. 버터를 넣고 다시 3분간 치댄다.

5 ······ [성형]

캔버스 천에 덧가루를 기볍게 뿌리고 이음매가 위로 오도록 반죽을 올린다.

밀대로 밀어 16cm×40cm 정도 사각형으로 만든다.

▶ 반죽의 가운데를 밀대로 눌러 상하좌우로 1/3씩 펼친다. 다시 가운데에서 상하좌우로 2/3 밀대로 밀어 마지막에 가운데부터 반죽 끝까지 상하좌우로 펼치면 깔끔한 사각형이 된다.

앞쪽에 3cm를 남기고 시나몬 슈거를 전체에 골고루 뿌린다.

반죽의 안쪽부터 들어 올린다. 잡아당기지 않아도 좋으니 느슨해지지 않도록 만다. 다 말은 후 벌어진 부분을 확실하게 여민다.

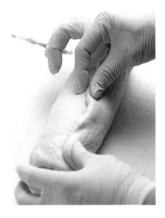

이음매가 아래로 오도록 틀에 넣고 랩 또는 샤워 캡을 씌운다.

6 ······ **[최종 발효]**

30℃ 장소에 50분간 둔다. 반죽 꼭대기가 틀의 90% 높이로 부풀 때까지 발효 시킨다.

7 ······ **[성형]**

솔로 겉면에 달걀물을 바른다.

190℃로 예열한 오븐에 넣고 50분간 굽는다. 다 구운 후에 틀에서 꺼낸 뒤, 식힘망에 올려 식힌다.

시나몬 롤 식빵

오븐

Baking Oven

데니시 식빵

빵 반죽에 판 모양 버터를 넣고 펼친 후 삼각형으로 접는 방식으로 버터 층을 만들어 굽습니다. 식빵 틀에 넣어서 구우면 밀도가 높아져서 더욱 진한 맛이 생깁니다.

재료(340g 틀 1개 분량)

강력분(이글) …… 150g

준강력분 (리스도오르) …… 100g

인스턴트 드라이 이스트(샤프 금색) …… 1/2 작은술

물 …… 90g, 우유 …… 45g

달걀 푼 것 …… 35g, 사탕수수설탕 …… 25g

소금 …… 5g

버터 …… 12.5g(무염, 1cm 크기로 깍둑썰기하여 냉장고에 넣어둔다.)

접기용 버터 시트

│ 버터 (무염) …… 100g

│ 밀가루 (강력분 혹은 준강력분) …… 적당량

덧가루 …… 적당량

반죽 완성 온도: 26℃~27℃

a　　　b

바삭바삭

✳✳✳

버터 향기

✳✳✳

농후함

✳✳✳

만드는 방법

1 …… [접기용 버터 시트 만들기]

1. 버터를 한 덩어리로 썬다. (다소 오차가 생겨도 한 덩어리로 자르는 편이 다루기 좋다.)

2. 랩을 이중으로 깔고 가볍게 밀가루를 뿌린 후 버터를 올린다. … a 위에서 밀가루를 뿌리고 랩을 이중으로 덮는다. … b

3. 랩 위에서 밀대로 두드리며 90도로 돌려서 사각형으로 펼친다.

4. 랩을 15cm 사각형으로 접는다.

5. 모서리 끝까지 버터가 도달하도록 가운데부터 모서리를 향해 밀대로 밀어서 두께가 일정한 정사각형으로 만든다. … c

6. 1시간 이상 냉장고에서 차갑게 둔다. 사용할 때까지 냉장고에서 보관한다.

c

…… **[섞기]**

볼에 강력분, 준강력분, 이스트를 넣고 스크래퍼로 섞는다.

3 …… **[치대기]**

큰 볼에 물, 우유, 달걀 푼 것을 넣고 섞는다. 사탕수수설탕, 소금을 추가하고 그 위에 ②를 넣는다. 스크래퍼로 전체를 크게 섞는다. 가루가 없어지면 손으로 섞는다.

한 덩어리가 되면 작업대로 꺼낸다. 반죽을 잡아당기듯이 몇 차례 늘린 후 스크래퍼로 반죽을 정리한다. 두세 번 반복하면 반죽을 정리하여 90도로 방향을 바꿔가며 4분 정도 치댄다.

반죽을 넓혀서 버터를 올리고 감싼 후 다시 4분간 치댄다. 반죽을 한 덩어리로 만든 후 손바닥으로 둥글게 쓸어내려 겉면을 팽팽하고 매끄럽게 만든다. 반죽 아래쪽 뭉쳐있는 부분도 매끄럽게 다듬는다.

제빵기

Home Bakery

제빵기를 사용할 때

1. 빵 틀에 물, 우유, 달걀 → 강력분, 준강력분 → 설탕, 소금 → 이스트 순서대로 넣는다.
2. '반죽하기' 모드를 선택하여 5분간 치댄다.
3. 버터를 넣고 다시 3분간 치댄다.

작은 볼에 넣고 랩 또는 샤워 캡을 씌운다.

4 …… **[1차 발효]**

오븐의 발효 기능을 사용하여 30℃ 장소에서 50분간 둔다. 볼의 70% 높이로 부풀 때까지 발효시킨다.

5 …… **[펼치기]**

작업대에 덧가루를 뿌리고 스크래퍼로 볼에서 반죽을 꺼낸다. 네 모서리를 집어 올려 가운데에서 합치고 둥글리면서 표면을 정리하여 볼에 다시 넣는다.

밀대로 18cm 사각형으로 만든다.

▶ 반죽의 가운데를 밀대로 눌러 상하좌우로 1/3씩 펼친다. 다시 가운데에서 상하좌우로 2/3 밀대로 밀어 마지막에 가운데부터 반죽 끝까지 상하좌우로 펼치면 깔끔한 사각형이 된다.

랩으로 감싸서 냉장고에서 60분간
둔다.

 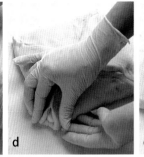 

6 ······ [접기]

1. 캔버스 천에 ⑤의 반죽을 놓고 밀대로 ①의 버터 시트가 올라갈 정도
   정사각형으로 펼친다.
2. 버터 시트의 랩을 벗기지 않고 반죽 위에 45° 어긋나게 올려보며 모서
   리가 조금 비집어 나오는 정도 크기로 만든다.
3. 버터 시트를 따라 스크래퍼로 가볍게 가이드 선을 넣는다. ··· a
4. 일단 버터를 빼고 가이드 선 바깥쪽 삼각형 부분을 밀대로 펼친다.
   ··· b

5. 버터 시트의 랩을 아래쪽만 벗기고 반죽 위에 올린 후 위쪽을 벗긴
   다. 삼각형 부분을 접어서 버터 시트를 감싸고 이음매를 확실하게 닫
   는다. ··· c
   모서리 부분도 확실하게 닫는다. ··· d
6. 반죽을 위아래로 밀대로 누른다. ··· e
7. 가운데에서 세로 방향으로 밀대로 눌러서 밀착시킨다. 굴리지 않고 눌
   러서 세로로 길쭉하게 누른다. ··· f

데니시 식빵

8. 잘 늘어나지 않으면 밀대를 위 아래로 굴린다. 공기가 쌓이지 않도록 대나무꼬치로 구멍을 내서 공기를 빼면서 늘린다. 20cm×50cm를 만든다. … **g**

▶ 가로로 누르지 않아도 자연스럽게 늘어난다. 세로로 50cm가 되어도 가로 폭이 부족하면 가장 마지막에 조정한다.

9. 반죽을 위아래 방향으로 1/3씩 접어서 3절 접기를 한다. … **h**

10. 밀대를 네 변과 대각선 모양으로 누른다. … **i**

11. 90도로 회전시켜 뒤집은 후 가운데에서 위아래 방향으로 밀대로 누른다. 잘 안 늘어나면 밀대를 굴려서 15cm×50cm로 늘린다. … **j** 이때 공기가 보이면 대나무꼬치로 뺀다.

12. 위아래 방향으로 1/3씩 접어서 3절 접기를 한다. … **k** 밀대를 네 변과 대각선이 모양으로 누른다. … **l**

7 랩으로 감싸서 냉장고에서 30분간 재운다.

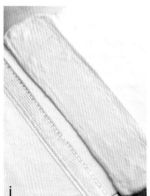

8 ······ [성형]

1. 반죽의 접힌 부분을 왼쪽으로 둔다. … **a** 밀대로 18cm×34cm로 펼친다. … **b**

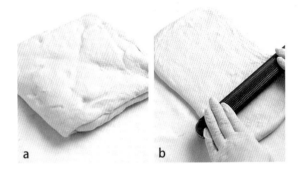

2. 스크래퍼로 가로로 6등분 가이드 선을 넣는다. … **c**
3. 부엌칼로 반으로 자른다. 각각 가이드 선을 따라 안쪽에 2cm씩 남기고 자른다. … **d**

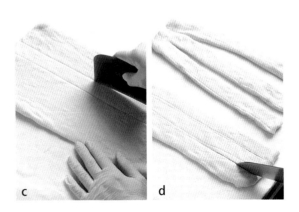

4. 각각 세 갈래로 땋는다. … **e**
   반죽의 양쪽 끝이 아래로 가도록 가볍게 말아서 틀에 넣는다. … **f**
5. 틀에 넣을 때 땋은 모양을 같은 방향으로 넣는다. … **g**

9 ······ [최종 발효]

28℃에서 60분간 둔다. 반죽 꼭대기가 틀의 80% 높이로 부풀 때까지 발효 시킨다.

10 ······ [굽기]

뚜껑을 덮고 200℃로 예열한 오븐에 넣고 30분간 굽는다. 다 구운 후에 틀에서 꺼낸 뒤, 식힘망에 올려 식힌다.

데니시 식빵

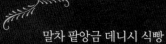

초콜릿 데니시 식빵

오븐

Baking
Oven

말차 팥앙금 데니시 식빵

버터를 듬뿍 넣은 데니시 반죽에 말차 팥앙금을 바른 후 팥알을
통째로 넣어서 구웠습니다. 적절한 단맛과 말차 향이 좋습니다.
다음날까지 촉촉한 식감이 살아 있습니다.

재료(340g 틀 1개 분량)

강력분(이글) …… 150g

준강력분(리스도오르) …… 100g

인스턴트 드라이 이스트(샤프 금색) …… 1/2 작은술

물 …… 90g, 우유 …… 45g

달걀 푼 것 …… 35g, 사탕수수설탕 …… 25g

소금 …… 5g

버터 …… 12.5g

(무염, 1cm 크기로 깍둑썰기하여 냉장고에 넣어둔다.)

접기용 버터 시트

| 버터(무염) …… 75g
| 밀가루(강력분 혹은 준강력분) …… 적당량

말차 팥앙금 (섞어 둔다)

| 흰 팥앙금 …… 100g, 말차 …… 5g
| 물 …… 5~10g ▶ 바르기 쉬운 농도로 조정한다.

만드는 방법

1 …… [접기용 버터 시트 만들기]

77쪽 '데니시 식빵' 마드는 방법 ① 참고

2 …… [섞기]

78쪽 '데니시 식빵 만드는 방법 ② 참고

3 …… [치대기]

78쪽 '데니시 식빵 만드는 방법 ③ 참고

▶ 제빵기로 치댈 수 있다. …78쪽 참고

4 …… [1차 발효]

오븐의 발효 기능을 사용하여 30℃ 장소에서 50분간 둔다. 볼의 70%
높이로 부풀 때까지 발효시킨다.

5 …… [펼치기]

78쪽 '데니시 식빵 만드는 방법 ⑤ 참고

팥알*… 50g

달걀물(마무리용)… 적당량

덧가루… 적당량

* 다이나곤 팥大納言小豆: 일본의 고급 팥

반죽 완성 온도: 26℃~27℃

6 ······ [접기]

79쪽에서 80쪽 '데니시 식빵' 만드는 방법 ⑥ 1~9 참고.
▶ 3절 접기는 한 번만 한다.

7 랩으로 감싸서 냉장고에서 30분간 재운다.

8 ······ [성형]

1. 반죽의 접힌 부분이 왼쪽에 오도록 두고 덧가루를 뿌린 후 밀대로
   18cm×34cm로 펼친다. 양 끝에 1cm 씩 남기고 반죽 앞쪽 2/3까지 말
   차 팥앙금을 바른다. ··· a
2. 말차 팥앙금 위에 팥알을 뿌린다. ··· b
3. 안쪽 반죽을 위아래 방향으로 1/3씩 접어서 3절 접기를 한다. ··· c
4. 90도로 돌려 접힌 부분을 왼쪽으로 놓고 밀대로 15m×28cm로 펼
   친다.
5. 스크래퍼로 세로로 3등분 가이드 선을 넣고 안쪽에서 2cm를 남기고
   자른다. ··· d

6. 세 갈래로 땋는다. ··· e 그림처럼 반죽을
   세로로 두고 잘린 단면이 가운데로 오도록
   땋으면 예쁘게 구울 수 있다. ··· f
7. 양쪽 끝을 가볍게 아래로 접듯이 틀에 넣
   는다. ··· g

버터 향기
✳✳✳

촉촉함
✳✳✳

단맛
✳✳

9 ······ [최종 발효]

28℃ 장소에 60분간 둔다. 반죽 꼭대기가 틀
의 80% 높이로 부풀 때까지 발효 시킨다.

10 ······ [굽기]

자른 단면을 피하면서 반죽에 달걀물을 바른다. 190℃로 예열한
오븐에 넣고 15분간 굽고 180℃로 내려서 15분간 굽는다. 다 구
운 후에 틀에서 꺼낸 뒤, 식힘망에 올려 식힌다.

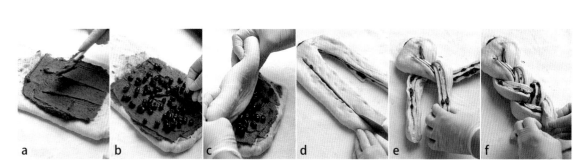

a　　b　　c　　d　　e　　f

Baking Oven

초콜릿 데니시 식빵

마블링 모양이 예쁘고 단맛은 적당하여 어른스러운 느낌의 초콜릿 데니시입니다. 접기용 초콜릿 시트에 밀가루를 사용하지 않고 초콜릿과 버터 맛을 더욱 진하게 살렸습니다. 초콜릿 시트는 반죽 안에서 거의 늘어나지 않기 때문에 부러지기 쉽습니다. 이 책에서 가장 어려운 레시피일지도 모릅니다. 용기를 내서 도전해보세요.

재료(340g 틀 1개 분량)

강력분(이글) ······ 150g

준강력분(리스도오르) ······ 100g

인스턴트 드라이 이스트(샤프 금색) ······ 1/2 작은술

물 ······ 90g, 우유 ······ 45g

달걀 푼 것 ······ 35g, 사탕수수설탕 ······ 25g

소금 ······ 5g

버터 ······ 12.5g

(무염, 1cm 크기로 깍둑썰기하여 냉장고에 넣어둔다.)

덧가루 ······ 적당량

만드는 방법

1 ······ [접기용 초콜릿 시트 만들기]

1. 초콜릿을 중탕으로 녹인 후 버터를 더해서 크림 상태가 될 때까지 섞는다.
   ▶ 버터가 녹지 않도록 주의한다.
2. 랩을 두 장을 겹쳐 깔고 1을 가운데에 붓는다. 위에서 밀가루를 뿌리고 랩을 2중으로 덮는다.
3. 랩을 15cm 사각형으로 접고 1이 사각형 모서리 끝까지 가득 차도록 가운데부터 모서리를 향해 밀대로 밀어서 두께가 일정한 정사각형을 만든다.
4. 냉장고에서 차갑게 굳힌다. 사용하기 직전까지 냉장고에 넣어 둔다.

초콜릿

버터(무염, 실온에 둔다) ······ 75g

제과용 초콜릿(다크) ······ 50g

밀가루(강력분 혹은 준강력분) ······ 적당량

반죽 완성 온도: 26℃~27℃

촉촉함
✳✳✳

껍질 바삭바삭
✳✳✳

단맛
✳

2 ⋯⋯ [섞기]

볼에 강력분과 이스트를 넣고 스크래퍼로 섞는다.

3 ⋯⋯ [치대기]

78쪽 '데니시 식빵 만드는 방법 ③ 참고

▶ 제빵기로도 치댈 수 있다. ⋯78쪽 참고

4 ⋯⋯ [1차 발효]

오븐의 발효 기능을 사용하여 30℃ 장소에서 50분간 둔다. 볼의 70% 높이로 부풀 때까지 발효시킨다.

5 ⋯⋯ [펼치기]

78쪽 '데니시 식빵 만드는 방법 ⑤ 참고

6 ⋯⋯ [접기]

79쪽~ 80쪽 '데니시 식빵 만드는 방법 ⑥ 참고
버터 시트 대신에 초콜릿을 사용하여 같은 방법으로 접는다.

7 랩으로 감싸서 냉장고에서 30분간 재운다.

8 ⋯⋯ [성형]

81쪽 '데니시 식빵' 만드는 방법 ⑧ 참고

9 ⋯⋯ [최종 발효]

81쪽 '데니시 식빵' 만드는 방법 ⑨ 참고
28℃ 장소에 60분간 둔다.

10 ⋯⋯ [굽기]

81쪽 '데니시 식빵' 만드는 방법 ⑩ 참고
뚜껑을 덮고 200℃로 예열한 오븐에 넣고 30분간 굽는다. 다 구운 후에 틀에서 꺼낸 뒤, 식힘망에 올리고 식힌다.

제빵기로 만들기

Home Bakery

반죽을 계량하여 틀에 넣고, 버튼만 누르면 끝.
제빵기는 매일매일 든든한 단짝이 되어 줍니다.
치대기, 발효, 굽기까지의 과정에서 오븐과 다른 특징을 살린
레시피를 소개합니다.
부드럽고 달콤한 타입, 바삭바삭한 타입, 촉촉한 타입 등
다양한 맛을 만들어 보세요.

제빵기로 굽는 프리미엄 식빵

masako's premium   Home Made Bread

폭신폭신 프리미엄 식빵

Home Bakery

속살이 촉촉하고 폭신폭신하며 씹을수록 단맛이 배어나옵니다. 제빵기로 구운 만큼 겉면은 바삭바삭합니다. 굽지 않고 그대로 먹고 싶은 식빵으로 보들보들하며 달콤한 맛이 강합니다.

재료(340g 틀 1개 분량)

강력분(벨 물랭) …… 250g

인스턴트 드라이 이스트(샤프 금색) …… 1/3 작은술

물 …… 150g

생크림(유지방 35~36%) …… 50g

사탕수수설탕 …… 35g

소금 …… 4g

버터(무염) …… 10g

만드는 방법

1 재료를 계량한다.

2 빵 틀에 반죽 날개를 세팅한다. 빵 틀에 물과 생크림을 넣고 강력분을 넣는다. 그 위에 사탕수수설탕, 소금, 이스트, 버터를 넣는다.
▶ 소금과 이스트는 닿지 않도록 떨어뜨려 놓는다.

3 천연발효 코스를 선택하여 시작한다.
▶ 천연발효 코스가 없을 때는 이스트를 1 작은술로 바꾼다.
▶ 시간을 들이지 않고 일반 코스로 굽고 싶을 때도 이스트를 1 작은술로 바꾼다.

4 다 구웠으면 곧바로 빵 틀에서 꺼낸다.

5 식힘망에 올려서 식힌다.

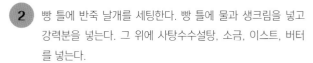

오븐

Baking Oven

손으로 반죽하여 오븐에 구울 때

1. 이스트를 1/2 작은술로 늘린다. 강력분과 섞는다.
2. 볼에 물, 생크림 → 설탕, 소금 → 1을 순서대로 넣는다.
3. 29쪽~31쪽 '폭신폭신 달콤한 프리미엄 식빵'을 참고하여 같은 방법으로 만든다.

단맛
✳✳✳

껍질 바삭바삭
✳✳✳

촉촉함
✳✳✳

바삭바삭 영국 식빵

아침 토스트로 딱 맞는 레시피입니다. 조직이 약간 거칠어서 구우면
바삭바삭 기분 좋게 씹히는 맛이 일품입니다. 달콤하지 않고 탄력이
적당하여 어떤 음식에 곁들여 먹어도 맛있습니다.

| 바삭바삭 |
| ✳✳✳ |
| 팽팽함 |
| ✳✳ |
| 단맛 |
| ✳ |

재료(340g 틀 1개 분량)

강력분(유메치카라 블랜드) …… 200g

강력분(오션) …… 50g

인스턴트 드라이 이스트 …… 1/4 작은술

물 …… 130g

우유 …… 70g

몰트 …… 0.5g

사탕수수설탕 …… 12g

소금 …… 4g

만드는 방법

1 재료를 계량한다.

2 빵 틀에 반죽 날개를 세팅한다. 빵 틀에, 물, 우유, 몰트를 넣
고 강력분을 넣는다. 그 위에 사탕수수설탕, 소금, 이스트를
넣는다.
▶ 소금과 이스트는 닿지 않도록 떨어뜨려 놓는다.

3 천연발효 코스를 선택하여 시작한다.
▶ 천연발효 코스가 없을 때는 이스트를 1 작은술로 바꾼다.
▶ 시간을 들이지 않고 일반 코스로 굽고 싶을 때도 이스트
를 1 작은술로 바꾼다.

4 다 구웠으면 곧바로 빵 틀에서 꺼낸다.

5 식힘망에 올려서 식힌다.

손으로 반죽하여 오븐에 구울 때

1. 강력분과 이스트를 섞는다.

2. 볼에 물, 우유, 몰트 → 설탕, 소금 → 1을 순서대로 넣고 스크래퍼로
섞어서 작업대에 꺼내 7분간 치댄다. 둥글려서 작은 볼에 넣는다.

3. 38쪽~39쪽 '하드 토스트 식빵' 만드는 법 ④~⑨를 참고하여 같
은 방법으로 만든다.

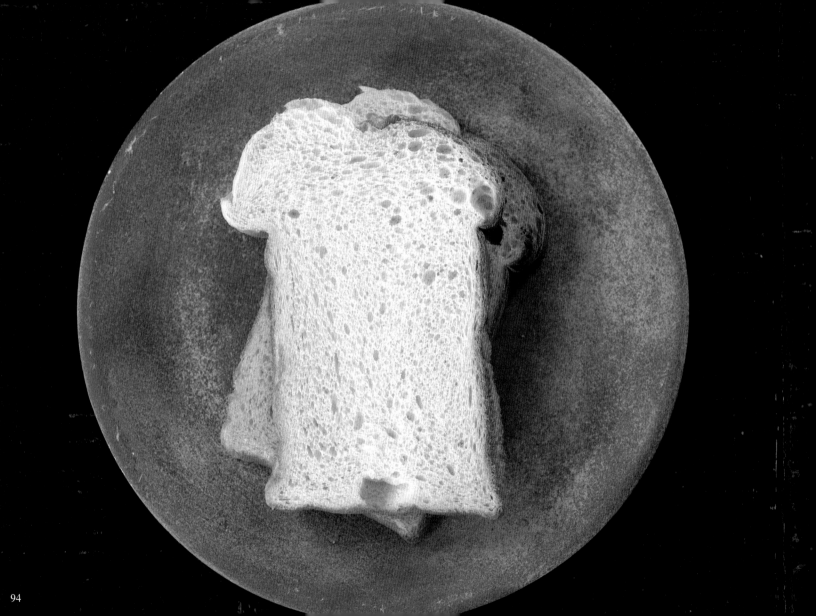

공기 식빵

공기를 듬뿍 머금어 폭신폭신하여 '공기' 식빵입니다. 크고 작은 기포가
생겨 높게 부풀어 오릅니다. 가장자리까지 부드러워 특히 어린아이들에게
사랑받는 식빵입니다.

가장자리 부드러움
✳✳✳

쫄깃쫄깃
✳✳

단맛
✳

재료(340g 틀 1개 분량)

강력분(골든 요트) …… 250g

인스턴트 드라이 이스트 …… 1/4 작은술

물 …… 95g

우유 …… 110g

몰트 …… 0.5g

사탕수수설탕 …… 12g

소금 …… 4g

라드 …… 10g

오븐

Baking Oven

손으로 반죽하여 오븐에 구울 때

1. 이스트를 1/2 작은술로 늘린다. 강력분과 이스트를 섞는다.
2. 볼에 물, 우유, 몰트 → 설탕, 소금 → 1을 순서대로 넣는다. 16쪽
   '쫄깃쫄깃 심플한 식빵'을 참고하여 치댄다.
   ▶ 버터를 넣는 공정에서 라드를 추가하여 치댄다.
3. 38쪽~39쪽 '하드 토스트 식빵' 만드는 법 ④~⑨를 참고하여 같
   은 방법으로 만든다.

만드는 방법

1 재료를 계량한다.

2 빵 틀에 반죽 날개를 세팅한다. 빵 틀에 물, 우유, 몰트를 넣
고 강력분을 넣는다. 그 위에 사탕수수설탕, 소금, 이스트, 라
드를 넣는다.
▶ 소금과 이스트는 닿지 않도록 떨어뜨려 놓는다.

3 천연발효 코스를 선택하여 시작한다.
▶ 천연발효 코스가 없을 때는 이스트를 1 작은술로 바꾼다.
▶ 시간을 들이지 않고 일반 코스로 굽고 싶을 때도 이스트
를 1 작은술로 바꾼다.

4 다 구웠으면 곧바로 빵 틀에서 꺼낸다.

5 식힘망에 올려서 식힌다.

제빵기

Home Bakery

촉촉한 생크림 식빵

살짝만 눌러도 움푹 들어갈 듯이 부드럽습니다. 폭신폭신하고 달콤하며 가장자리까지 촉촉하지요. 풍부한 생크림의 풍미가 좋아 간식으로 먹고 싶은 빵입니다.

단맛
✳✳✳

부드러움
✳✳✳

촉촉함
✳✳✳

재료(340g 틀 1개 분량)

강력분(이글) …… 250g

인스턴트 드라이 이스트(샤프 금색) …… 1/3 작은술

물 …… 150g

생크림(유지방 35~36%) …… 40g

사탕수수설탕 …… 25g

소금 …… 5g

만드는 방법

1 재료를 계량한다.

2 빵 틀에 반죽 날개를 세팅한다. 빵 틀에 물과 생크림을 넣고 강력분을 넣는다. 그 위에 사탕수수설탕, 소금, 이스트, 라드를 넣는다.
▶ 소금과 이스트는 닿지 않도록 떨어뜨려 놓는다.

3 천연발효 코스를 선택하여 시작한다.
▶ 천연발효 코스가 없을 때는 이스트를 1 작은술로 바꾼다.
▶ 시간을 들이지 않고 일반 코스로 굽고 싶을 때도 이스트를 1 작은술로 바꾼다.

4 다 구웠으면 곧바로 빵 틀에서 꺼낸다.

5 식힘망에 올려서 식힌다.

오븐

Baking Oven

손으로 반죽하여 오븐에 구울 때

1. 이스트를 1/2 작은술로 늘린다. 강력분과 이스트를 섞는다.

2. 볼에 물, 생크림 → 설탕, 소금 → 1을 순서대로 넣고 스크래퍼로 섞는다.

3. 41쪽~43쪽 '생크림 식빵'을 참고하여 같은 방법으로 만든다.

부드러운 호텔 식빵

조직이 촘촘하여 입에서 부드럽게 녹는 고급스러운 식빵입니다.
마스카르포네 치즈의 농후하고 진한 맛을 느낄 수 있고 씹을수록 맛이
깊어집니다.

진한 맛
✳✳✳
단맛
✳✳
쫄깃쫄깃
✳✳

재료(340g 틀 1개 분량)

강력분(벨 물랭) …… 250g

인스턴트 드라이 이스트(샤프 금색) …… 1/3 작은술

물 …… 100g

우유 …… 70g

벌꿀 …… 12g

사탕수수설탕 …… 12g

소금 …… 5g

마스카르포네 치즈 …… 20g

발효버터(무염) …… 15g

오븐
Baking Oven

손으로 반죽하여 오븐에 구울 때

1. 이스트를 1/2 작은술로 늘린다. 강력분과 이스트를 섞는다.
2. 볼에 물, 우유, 벌꿀 → 설탕, 소금 → 1을 순서대로 넣고 스크래퍼로 섞는다.
3. 45쪽~47쪽 '마스카르포네 식빵'을 참고하여 같은 방법으로 만든다.
   ▶ 마스카르포네를 추가할 때 버터도 추가하여 치댄다.

만드는 방법

1 재료를 계량한다.

2 빵 틀에 반죽 날개를 세팅한다. 빵 틀에 물, 우유, 벌꿀을 넣고 강력분을 넣는다. 그 위에 사탕수수설탕, 소금, 이스트, 마스카르포네, 버터를 넣는다.
▶ 소금과 이스트는 닿지 않도록 떨어뜨려 놓는다.

3 천연발효 코스를 선택하여 시작한다.
▶ 천연발효 코스가 없을 때는 이스트를 1 작은술로 바꾼다.
▶ 시간을 들이지 않고 일반 코스로 굽고 싶을 때도 이스트를 1 작은술로 바꾼다.

4 다 구웠으면 곧바로 빵 틀에서 꺼낸다.

5 식힘망에 올려서 식힌다.

쫄깃쫄깃 식빵

홋카이도산 밀가루를 사용하여 특유의 쫄깃쫄깃한 식감을 만듭니다.
심플하게 배합하여 밀가루의 풍부한 맛과 향기를 확실하게 느낄 수
있습니다.

쫄깃쫄깃
✳✳✳

촉촉함
✳✳

맛의 진함
✳✳

재료(340g 틀 1개 분량)

강력분(하루요 코이) …… 250g

인스턴트 드라이 이스트 …… 1/4 작은술

물 …… 100g

우유 …… 80g

사탕수수설탕 …… 15g

소금 …… 5g

버터(무염) …… 12g

만드는 방법

1 재료를 계량한다.

2 빵 틀에 반죽 날개를 세팅한다. 빵 틀에 물, 우유를 넣고 강력
분을 넣는다. 그 위에 사탕수수설탕, 소금, 이스트, 버터를 넣
는다.
▶ 소금과 이스트는 닿지 않도록 떨어뜨려 놓는다.

3 천연발효 코스를 선택하여 시작한다.
▶ 천연발효 코스가 없을 때는 이스트를 1 작은술로 바꾼다.
▶ 시간을 들이지 않고 일반 코스로 굽고 싶을 때도 이스트
를 1 작은술로 바꾼다.

4 다 구웠으면 곧바로 빵 틀에서 꺼낸다.

5 식힘망에 올려서 식힌다.

오븐

Baking Oven

손으로 반죽하여 오븐에 구울 때

1. 이스트를 1/2 작은술로 늘린다. 강력분과 이스트를 섞는다.
2. 볼에 물, 우유 → 설탕, 소금 → 1을 순서대로 넣고 스크래퍼로 섞
   는다.
3. 16쪽~19쪽 '쫄깃쫄깃 심플한 식빵'을 참고하여 같은 방법으로 만
   든다.

제빵기

Home Bakery

고대 밀가루 식빵

현대 밀가루의 원종이라고 하는 스펠트 밀가루Spelt flour를
사용하였습니다. 식감이 묵직하고 견과류처럼 강력한 풍미가 있어
와인이나 치즈와 함께 즐길 수 있습니다.

강한 힘	✳✳✳
맛의 진함	✳✳✳
껍질 바삭바삭	✳✳

재료(340g 틀 1개 분량)

강력분(스펠트 밀가루) …… 250g

인스턴트 드라이 이스트 …… 1/3 작은술

물 …… 165g

사탕수수설탕 …… 18g

소금 …… 4g

라드 …… 10g

만드는 방법

1 재료를 계량한다.

2 빵 틀에 반죽 날개를 세팅한다. 빵 틀에 물을 넣고 강력분을
넣는다. 그 위에 사탕수수설탕, 소금, 이스트, 라드를 넣는다.
▶ 소금과 이스트는 닿지 않도록 떨어뜨려 놓는다.

3 천연발효 코스를 선택하여 시작한다.
▶ 천연발효 코스가 없을 때는 이스트를 1 작은술로 바꾼다.
▶ 시간을 들이지 않고 일반 코스로 굽고 싶을 때도 이스트
를 1 작은술로 바꾼다.

4 다 구웠으면 곧바로 빵 틀에서 꺼낸다.

5 식힘망에 올려서 식힌다.

오븐

Baking Oven

손으로 반죽하여 오븐에 구울 때

1. 이스트를 1/2 작은술로 늘린다. 강력분과 이스트를 섞는다.
2. 볼에 물 → 설탕, 소금 → 1을 순서대로 넣고 스크래퍼로 섞는다.
3. 16쪽~19쪽 '쫄깃쫄깃 심플한 식빵'을 참고하여 같은 방법으로 만
든다.
▶ 버터를 넣는 공정에서 라드를 넣는다.

제빵기

Home Bakery

풍미 가득 리치 식빵

부드럽고 쫄깃한 식감으로 촉촉하게 완성되는 점이 특징입니다.
발효버터와 생크림처럼 고급스러운 재료를 듬뿍 사용하여 화려한 풍미로
완성합니다.

쫀득함	✳✳✳
가장자리 부드러움	✳✳
유제품 향기	✳✳

재료(340g 틀 1개 분량)

강력분(하루유타카) …… 250g

인스턴트 드라이 이스트(샤프 금색) …… 1작은술

물 …… 130g

생크림 …… 35g

달걀노른자 …… 20g

벌꿀 …… 12g

사탕수수설탕 …… 12g

소금 …… 5g

발효버터(무염) …… 15g

만드는 방법

1 재료를 계량한다.

2 빵 틀에 반죽 날개를 세팅한다. 빵 틀에 물, 생크림, 달걀노른자, 벌꿀을 넣고 강력분을 넣는다. 그 위에 사탕수수설탕, 소금, 이스트, 발효버터를 넣는다.
▶ 소금과 이스트는 닿지 않도록 떨어뜨려 놓는다.

3 일반 코스를 선택하여 시작한다.

4 다 구웠으면 곧바로 빵 틀에서 꺼낸다.

5 식힘망에 올려서 식힌다.

오븐

Baking Oven

손으로 반죽하여 오븐에 구울 때

1. 이스트를 1/2 작은술로 늘린다. 강력분과 이스트를 섞는다.
2. 볼에 물, 생크림, 달걀노른자, 벌꿀 → 설탕, 소금 → 1을 순서대로 넣고 스크래퍼로 섞는다.
3. 29쪽~31쪽 '폭신폭신 달콤한 프리미엄 식빵'을 참고하여 같은 방법으로 만든다.

제빵기

우유 식빵

우유를 듬뿍 머금은 식빵입니다. 반죽에 넣는 수분은 오로지 우유만
사용합니다. 입에 넣었을 때 부드럽고 촉촉한 식감을 즐겨보세요.

부드러움	✳✳✳
촘촘한 조직	✳✳✳
단맛	✳✳

재료(340g 틀 1개 분량)

강력분(유메치카라 브랜드) …… 250g

인스턴트 드라이 이스트 …… 1/4 작은술

우유 …… 210g

사탕수수설탕 …… 20g

소금 …… 5g

버터(무염) …… 10g

만드는 방법

1 재료를 계량한다.

2 빵 틀에 반죽 날개를 세팅한다. 빵 틀에 우유를 넣고 강력분을
넣는다. 그 위에 사탕수수설탕, 소금, 이스트, 버터를 넣는다.
▶ 소금과 이스트는 닿지 않도록 떨어뜨려 놓는다.

3 천연발효 코스를 선택하여 시작한다.
▶ 천연발효 코스가 없을 때는 이스트를 1 작은술로 바꾼다.
▶ 시간을 들이지 않고 일반 코스로 굽고 싶을 때도 이스트
를 1 작은술로 바꾼다.

4 다 구웠으면 곧바로 빵 틀에서 꺼낸다.

5 식힘망에 올려서 식힌다.

오븐

Baking Oven **손으로 반죽하여 오븐에 구울 때**

1. 이스트를 1/2 작은술로 늘린다. 강력분과 이스트를 섞는다.
2. 볼에 우유 → 설탕, 소금 → 1을 순서대로 넣고 스크래퍼로 섞는다.
3. 45쪽~47쪽 '마스카르포네 식빵'을 참고하여 같은 방법으로 만든다.
   ▶ 마스카르포네를 추가하는 공정에서 버터를 추가하여 치댄다.

제빵기

Home Bakery

요거트 식빵

신맛이 은은하게 느껴지는 산뜻한 식빵입니다. 탄력이 적당하고 단맛은 은은합니다. 버터만 넣고 심플하게 구워서 먹고 싶은 식빵입니다.

팽팽함
✳✳✳
산미
✳✳
단맛
✳

재료(340g 틀 1개 분량)

강력분(이글) ······ 250g

인스턴트 드라이 이스트 ······ 1/4 작은술

물 ······ 140g

플레인 요거트 ······ 50g

벌꿀 ······ 15g

소금 ······ 5g

버터(무염) ······ 10g

만드는 방법

1 재료를 계량한다.

2 빵 틀에 반죽 날개를 세팅한다. 빵 틀에 물, 플레인 요거트, 꿀을 넣고 강력분을 넣는다. 그 위에 소금, 이스트, 버터를 넣는다.
▶ 소금과 이스트는 닿지 않도록 떨어뜨려 놓는다.

3 천연발효 코스를 선택하여 시작한다.
▶ 천연발효 코스가 없을 때는 이스트를 1 작은술로 바꾼다.
▶ 시간을 들이지 않고 일반 코스로 굽고 싶을 때도 이스트를 1 작은술로 바꾼다.

4 다 구웠으면 곧바로 빵 틀에서 꺼낸다.

5 식힘망에 올려서 식힌다.

오븐

Baking Oven

손으로 반죽하여 오븐에 구울 때

1. 이스트를 1/2 작은술로 늘린다. 강력분과 이스트를 섞는다.
2. 볼에 물, 요거트, 벌꿀 → 소금 → 1을 순서대로 넣고 스크래퍼로 섞는다.
3. 16쪽~19쪽 '쫄깃쫄깃 심플한 식빵'을 참고하여 같은 방법으로 만든다.

제빵기

건포도 식빵

촉촉하고 폭신폭신한 빵을 한입 베어 물면 진한 건포도 향기가 퍼집니다. 생크림과 벌꿀을 듬뿍 넣은 반죽에 건포도를 섞었습니다. 부드러운 속살과 새콤달콤한 맛이 딱 좋은 밸런스를 유지합니다.

리치함
***

촉촉함
***

단맛
**

재료(340g 틀 1개 분량)

강력분(하루유타카) …… 250g

인스턴트 드라이 이스트(샤프 금색) …… 1 작은술

물 …… 130g

생크림 …… 35g

달걀노른자 …… 20g

벌꿀 …… 12g

사탕수수설탕 …… 12g, 소금 …… 5g

발효버터(무염) …… 15g

건포도 …… 75g

오븐

Baking Oven

손으로 반죽하여 오븐에 구울 때

1. 이스트를 1/2 작은술로 바꾼다. 강력분과 이스트를 섞는다.
2. 볼에 물, 생크림, 달걀노른자, 벌꿀 → 설탕, 소금 → 1을 순서대로 넣고 스크래퍼로 섞는다.
3. 41쪽 ②~42쪽③ '생크림 식빵'을 참고하여 치댄다. 치대기가 끝날 무렵에 건포도를 추가하여 가볍게 섞듯이 치댄다.
4. 42쪽 ④~43쪽을 참고하여 같은 방법으로 작업한다.

만드는 방법

1 재료를 계량한다.

2 빵 틀에 반죽 날개를 세팅한다. 빵 틀에 물, 생크림, 달걀노른자, 벌꿀을 넣고 강력분을 넣는다. 그 위에 사탕수수설탕, 소금, 이스트, 발효버터를 넣는다.
건포도를 자동 투입구에 세팅한다. 투입구가 없을 때는 사용설명서를 참고하여 재료를 넣는다.
▶ 소금과 이스트는 닿지 않도록 떨어뜨려 놓는다.
▶ 건포도는 물에 불리지 않고 그대로 사용한다. 부드럽게 불려서 제빵기에 넣으면 조각조각 나뉘기도 한다.

3 일반 코스를 선택하여 시작한다.

4 다 구웠으면 곧바로 빵 틀에서 꺼낸다.

5 식힘망에 올려서 식힌다.

코코아 식빵

진한 브라운 컬러에 코코아의 약간 쌉쌀한 맛이 느껴지는 어른스러운
맛입니다. 스폰지 케이크에서 단맛을 뺀 듯이 식감이 촉촉합니다.
마스카르포네 치즈나 베리류 잼과 함께 먹고 싶어집니다.

촘촘한 조직
✳✳✳
촉촉함
✳✳✳
단맛
✳

재료(340g 틀 1개 분량)

강력분(이글) …… 250g

코코아 파우더 …… 20g

인스턴트 드라이 이스트(샤프 금색) …… 1/3 작은술

물 …… 200g

분말 크림(크리프) …… 12g

사탕수수설탕 …… 30g

소금 …… 5g

버터(무염) …… 25g

만드는 방법

1 재료를 계량한다.

2 빵 틀에 반죽 날개를 세팅한다. 빵 틀에 물, 분말 크림을 넣고
강력분과 코코아 파우더를 넣는다. 그 위에 사탕수수설탕, 소
금, 이스트, 버터를 넣는다.
▶ 소금과 이스트는 닿지 않도록 떨어뜨려 놓는다.

3 천연발효 코스를 선택하여 시작한다.
▶ 천연발효 코스가 없을 때는 이스트를 1 작은술로 바꾼다.
▶ 시간을 들이지 않고 일반 코스로 굽고 싶을 때도 이스트
를 1 작은술로 바꾼다.

4 다 구웠으면 곧바로 빵 틀에서 꺼낸다.

5 식힘망에 올려서 식힌다.

오븐

Baking Oven 손으로 반죽하여 오븐에 구울 때

1. 이스트를 1/2 작은술로 늘린다. 강력분과 코코아 파우더를 섞는다.
2. 볼에 물, 분말 크림 → 설탕, 소금 → 1을 순서대로 넣고 스크래퍼
   로 섞는다.
3. 16쪽 ~19쪽 '쫄깃쫄깃 심플한 식빵'을 참고하여 같은 방법으로 작
   업한다.

Home Bakery

단팥 식빵

단팥을 듬뿍 넣고 치대어 생긴 엷은 자색이 아름답습니다. 밀가루의
쫄깃함, 단팥의 진한 맛과 향기가 일품입니다. 아름다운 색감을 띠고 있어
선물하기에도 좋습니다.

단맛	✳✳✳
감칠맛	✳✳✳
쫀득함	✳✳

재료(340g 틀 1개 분량)

강력분(하루요 코이) ······ 250g

인스턴트 드라이 이스트(샤프 금색) ······ 1/3 작은술

물 ······ 90g

삶은 팥(캔) ······ 200g

소금 ······ 6g

버터(무염) ······ 18g

만드는 방법

1 재료를 계량한다.

2 빵 틀에 반죽 날개를 세팅한다. 빵 틀에 물과 삶은 팥을 넣고
강력분을 넣는다. 그 위에 사탕수수설탕, 소금, 이스트, 버터
를 넣는다.
▶ 소금과 이스트는 닿지 않도록 떨어뜨려 놓는다.

3 천연발효 코스를 선택하여 시작한다.
▶ 천연발효 코스가 없을 때는 이스트를 1 작은술로 바꾼다.
▶ 시간을 들이지 않고 일반 코스로 굽고 싶을 때도 이스트
를 1 작은술로 바꾼다.

4 다 구웠으면 곧바로 빵 틀에서 꺼낸다.

5 식힘망에 올려서 식힌다.

오븐

Baking Oven

손으로 반죽하여 오븐에 구울 때

1. 이스트를 1/2 작은술로 늘린다. 강력분과 코코아 파우더를 섞는다.
2. 볼에 물, 삶은 팥 → 소금 → 1을 순서대로 넣고 스크래퍼로 섞는다.
3. 16쪽 ~19쪽 '쫄깃쫄깃 심플한 식빵'을 참고하여 같은 방법으로 작
   업한다.

통밀 식빵

전립분을 추가하여 소박한 풍미를 즐길 수 있는 빵으로 만들었습니다.
기포가 잔뜩 생겨서 가벼운 식감이 특징입니다. 단맛이 적어서 식사할 때
함께 먹어도 좋습니다.

재료(340g 틀 1개 분량)

강력분(하루요 코이) …… 250g

통밀가루 …… 50g

인스턴트 드라이 이스트 …… 1/4 작은술

물 …… 140g

플레인 요거트 …… 50g

벌꿀 …… 15g

소금 …… 5g

버터(무염) …… 15g

오븐

Baking Oven

손으로 반죽하여 오븐에 구울 때

1. 이스트를 1/2 작은술로 늘린다. 강력분과 통밀을 섞는다.
2. 볼에 물, 플레인 요거트, 벌꿀 → 소금 → 1을 순서대로 넣고 스크
   래퍼로 섞는다.
3. 16쪽 ~19쪽 '쫄깃쫄깃 심플한 식빵'을 참고하여 같은 방법으로
   작업한다.

만드는 방법

1 재료를 계량한다.

2 빵 틀에 반죽 날개를 세팅한다. 빵 틀에 물, 플레인 요거트, 벌
꿀을 넣고 강력분과 통밀을 넣는다. 그 위에 소금, 이스트, 버
터를 넣는다.
▶ 소금과 이스트는 닿지 않도록 떨어뜨려 놓는다.

3 천연발효 코스를 선택하여 시작한다.
▶ 천연발효 코스가 없을 때는 이스트를 1 작은술로 바꾼다.
▶ 시간을 들이지 않고 일반 코스로 굽고 싶을 때도 이스트
를 1 작은술로 바꾼다.

4 다 구웠으면 곧바로 빵 틀에서 꺼낸다.

5 식힘망에 올려서 식힌다.

가벼움
✳✳✳

오돌오돌 씹는 맛
✳✳✳

팽팽함
✳

Home Bakery

에스프레소 식빵

에스프레소 커피를 듬뿍 넣고 반죽하여 향이 진하고 가벼운 쓴맛을 즐길
수 있습니다. 피곤한 아침에 딱 알맞습니다. 커피를 좋아하는 사람에게
꼭 추천하고 싶은 빵입니다.

촉촉함
✳✳✳
쓴맛
✳✳
팽팽함
✳✳

재료(340g 틀 1개 분량)

강력분(골든 요트) ······ 250g

인스턴트 드라이 이스트 (샤프 금색) ······ 1/3 작은술

물 ······ 110g

에스프레소 ······ 75ml

(에스프레소가 없을 때는 인스턴트 커피를 진하게 녹인다)

분말 크림(크리프) ······ 12g

사탕수수설탕 ······ 25g

소금 ······ 5g

버터(무염) ······ 18g

만드는 방법

1 재료를 계량한다.

2 빵 틀에 반죽 날개를 세팅한다. 빵 틀에 물, 에스프레소, 분말
크림을 넣고 강력분을 넣는다. 그 위에 사탕수수설탕, 소금, 이
스트, 버터를 넣는다.
▶ 소금과 이스트는 닿지 않도록 떨어뜨려 놓는다.

3 천연발효 코스를 선택하여 시작한다.
▶ 천연발효 코스가 없을 때는 이스트를 1 작은술로 바꾼다.
▶ 시간을 들이지 않고 일반 코스로 굽고 싶을 때도 이스트
를 1 작은술로 바꾼다.

4 다 구웠으면 곧바로 빵 틀에서 꺼낸다.

5 식힘망에 올려서 식힌다.

오븐

Baking Oven

손으로 반죽하여 오븐에 구울 때

1. 이스트를 1/2 작은술로 늘린다. 강력분과 섞는다.
2. 볼에 물, 에스프레소, 분말 크림 → 설탕, 소금 → 1을 순서대로 넣
   고 스크래퍼로 섞는다.
3. 16쪽 ~19쪽 '쫄깃쫄깃 심플한 식빵'을 참고하여 같은 방법으로
   작업한다.

호두 메이플 식빵

과자와 팬케이크에 자주 사용하는 조합을 식빵에 응용했습니다. 메이플
시럽의 진하고 달콤한 향기와 견과류가 풍부한 식감을 줍니다.
치즈와 궁합이 맞아서 저녁 식사용 빵으로도 좋습니다.

부드러움	✳✳
단맛	✳✳
씹히는 정도	✳✳

재료(340g 틀 1개 분량)

강력분(골든 요트) …… 250g

인스턴트 드라이 이스트 …… 1/4 작은술

물 …… 120g

우유 …… 60g

메이플 시럽 …… 15g

사탕수수설탕 …… 8g

소금 …… 5g

버터(무염) …… 18g

호두 …… 50g (150℃ 오븐에서 15분간 굽는다.)

오븐 Baking Oven

손으로 반죽하여 오븐에 구울 때

1. 이스트를 1/2 작은술로 늘린다. 강력분과 섞는다.
2. 볼에 물, 우유, 메이플 시럽 → 설탕, 소금 → 1을 순서대로 넣고 스
   크래퍼로 섞는다.
3. 16쪽 '쫄깃쫄깃 심플한 식빵'을 참고하여 치댄다. 치대기가 끝날
   무렵에 호두를 추가해서 가볍게 섞듯이 치댄다.
4. 17쪽~19쪽을 참고하여 같은 방법으로 작업한다.

만드는 방법

1 재료를 계량한다.

2 빵 틀에 반죽 날개를 세팅한다. 빵 틀에 물, 우유, 메이플 시럽
을 넣고 강력분을 넣는다. 그 위에 사탕수수설탕, 소금, 이스트,
버터를 넣는다. 호두는 자동투입구에 세팅한다. 투입구가 없을
때는 사용설명서에 따라 재료를 추가한다.
▶ 소금과 이스트는 닿지 않도록 떨어뜨려 놓는다.

3 천연발효 코스를 선택하여 시작한다.
▶ 천연발효 코스가 없을 때는 이스트를 1 작은술로 바꾼다.
▶ 시간을 들이지 않고 일반 코스로 굽고 싶을 때도 이스트
를 1 작은술로 바꾼다.

4 다 구웠으면 곧바로 빵 틀에서 꺼낸다.

5 식힘망에 올려서 식힌다.

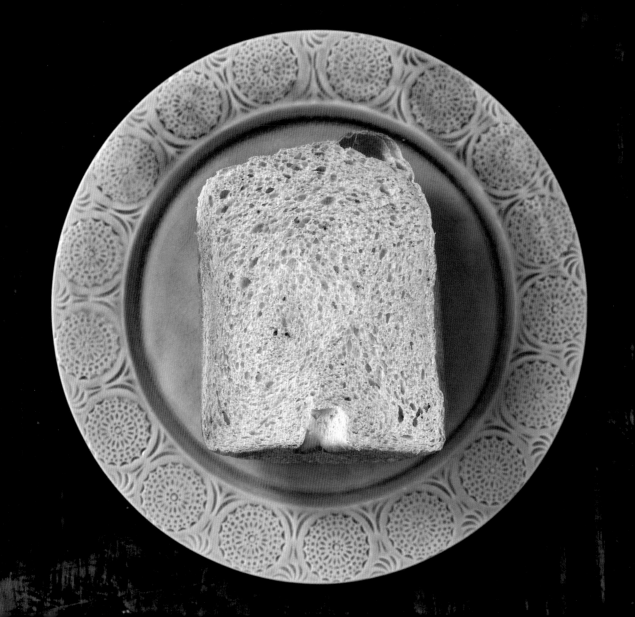

딸기 식빵

생딸기와 연유를 넣어 귀여운 핑크색 빵을 만들었습니다. 포동포동한
탄력과 알알이 씹히는 맛의 매력에 빠져보세요.
갓 구웠을 때 생딸기와 마스카르포네 치즈를 곁들여 먹으면 더욱 좋습니다.

달콤한 향기
✳✳✳

단맛
✳✳

신맛
✳✳

재료(340g 틀 1개 분량)

강력분(유메치카라 브랜드) ····· 250g

인스턴트 드라이 이스트 (샤프 금색) ····· 1/4 작은술

물 ····· 30g

우유 ····· 80g

연유 ····· 15g

딸기(4~6등분한 것) ····· 75g

사탕수수설탕 ····· 20g

소금 ····· 4g

버터(무염) ····· 20g

오븐
Baking Oven

손으로 반죽하여 오븐에 구울 때

1. 이스트를 1/2 작은술로 늘린다. 강력분과 섞는다.
2. 볼에 물, 우유, 연유, 딸기를 추가하여 손으로 으깨듯이 섞는다. →
   설탕, 소금 → 1을 순서대로 넣고 스크래퍼로 섞는다.
3. 16쪽~19쪽 '쫄깃쫄깃 심플한 식빵'을 참고하여 같은 방법으로 작
   업한다.

만드는 방법

1 재료를 계량한다.

2 빵 틀에 반죽 날개를 세팅한다. 빵 틀에 물, 우유, 연유, 딸기를 넣고 강력분을 넣는다. 그 위에 사탕수수설탕, 소금, 이스트, 버터를 넣는다.
▶ 소금과 이스트는 닿지 않도록 떨어뜨려 놓는다.

3 천연발효 코스를 선택하여 시작한다.
▶ 천연발효 코스가 없을 때는 이스트를 1 작은술로 바꾼다.
▶ 시간을 들이지 않고 일반 코스로 굽고 싶을 때도 이스트를 1 작은술로 바꾼다.

4 다 구웠으면 곧바로 빵 틀에서 꺼낸다.

5 식힘망에 올려서 식힌다.

치즈 데굴데굴 식빵

체다 치즈의 농후하고 진한 맛과 향기가 매력적입니다. 맥주 안주로 딱
맞아 저도 모르게 손이 갑니다. 특히 갓 구워 치즈가 끈끈하게 녹아내릴 때
꼭 먹어보세요.

진한 맛	❋❋❋
쫄깃쫄깃	❋❋
탄력	❋❋

재료(340g 틀 1개 분량)

강력분(하루요 코이) …… 250g

인스턴트 드라이 이스트 …… 1/4 작은술

물 …… 100g, 우유 …… 80g

사탕수수설탕 …… 15g

소금 …… 5g

버터(무염) …… 12g

체다 치즈 …… 80g (1cm~2cm 크기로 깍둑썰기한다)

▶ 치즈는 큼직하게 자르는 편이 알맹이가 잘 남습니다.

오븐

Baking Oven

손으로 반죽하여 오븐에 구울 때

1. 이스트를 1/2 작은술로 늘린다. 강력분과 섞는다.
2. 볼에 물, 우유 → 설탕, 소금 → 1을 순서대로 넣고 스크래퍼로 섞는다.
3. 16쪽 '쫄깃쫄깃 심플한 식빵'을 참고하여 치댄다. 치대기가 끝날 무렵에 치즈를 추가해서 가볍게 섞듯이 치댄다.
4. 17쪽~19쪽을 참고하여 같은 방법으로 작업한다.

만드는 방법

1 재료를 계량한다.

2 빵 틀에 반죽 날개를 세팅한다. 빵 틀에 물과 우유를 넣고 강력분을 넣는다. 그 위에 사탕수수설탕, 소금, 이스트, 버터를 넣는다.
▶ 소금과 이스트는 닿지 않도록 떨어뜨려 놓는다.

3 천연발효 코스를 선택하여 시작한다. 사용설명서에 따라 알림 기능을 사용하여 중간에 치즈를 넣는다.
▶ 천연발효 코스가 없을 때는 이스트를 1 작은술로 바꾼다.
▶ 시간을 들이지 않고 일반 코스로 굽고 싶을 때도 이스트를 1 작은술로 바꾼다.

4 다 구웠으면 곧바로 빵 틀에서 꺼낸다.

5 식힘망에 올려서 식힌다.

Home Made Bread
밀가루 카탈로그

유메치카라 블랜드
강력분

홋카이도산 밀가루 '유메치카라'를 100% 사용. 홋카이도산 밀가루다운 쫀득쫀득한 맛을 더하여 탄력이 강한 빵으로 완성합니다. 흡수성이 좋고 작업하기 쉬운 점이 특징입니다.

하루유타카
강력분

홋카이도산 강력분. 쫀득한 느낌과 부드러움이 있습니다. 미국산 밀가루와 비교하면 부푸는 정도는 약합니다. 그러나 속살 조직이 섬세하여 촉촉한 느낌을 맛볼 수 있습니다.

골든 요트
최강력분

고급 호텔 식빵에 자주 사용하는 미국산 밀가루. 최강력분이라는 이름대로 단백질 함유량이 약 13.5%로 아주 높습니다. 구울 때 잘 부풀어 볼륨이 생기고 폭신폭신하게 완성됩니다.

하루요 코이
강력분

홋카이도산 밀가루 중에서 지명도와 인기가 높습니다. 쫀득쫀득하고 폭신한 식감으로 완성됩니다. 풍미는 크게 강하지 않아서 유지류나 유제품의 향기가 더욱 살아납니다.

밀가루는 식빵에서 가장 많은 비중을 차지합니다.
폭신폭신하게 구울지, 가볍게 구울지 등
이 책에서는 빵의 특징에 따라 밀가루를 선택하고 가루 본연의
특징을 최대한 살리도록 레시피를 구성하였습니다.
이 책에서는 10종류 이상의 밀가루가 등장합니다.
그 중에서 대표적인 밀가루를 소개합니다.

이글
강력분

볼륨이 좋은 식빵에 적합한 가루로 실제로 많은 빵집에서 사용하는 미국산 밀가루입니다. 끈적거림이 없어서 작업하기 편하여 손으로 반죽해도 상당히 만들기 쉬운 점이 특징입니다.

미나미노 메구미
강력분

규슈산 밀가루 '미나미노 카오리' 100% 사용. 산뜻한 맛으로 부재료의 맛을 두드러지게 합니다. 촉촉하고 조직이 섬세하게 느껴지고 전체적으로 폭신폭신하고 바삭바삭하게 완성할 수 있습니다.

리스도오르
준강력분

바게트나 하드 계열 빵 전용으로 개발된 밀가루입니다. 산지는 캐나다, 미국, 호주 등이 섞여 있습니다. 글루텐이 적어 겉은 바삭바삭하고 속살은 가볍게 완성됩니다.

오션
강력분

미국산 밀가루. 단백질 함유량이 13%로 글루텐이 확실히 만들어지고 위쪽으로 잘 부풀어 오릅니다. 회분(미네랄)이 많아서 풍미가 강한 재료를 섞어도 본연의 특징이 사라지지 않습니다.

벨 물랭
강력분

단백질과 회분의 밸런스가 좋아서 초보자가 다루기 쉽고 다재다능한 밀가루입니다. 산지는 주로 미국과 캐나다입니다. 폭신폭신하고 적당한 탄력이 생기며 밀가루의 단맛이 느껴집니다.

지은이. 다카하시 마사코

1969년 가나가와현 출생. 22세부터 전문학교에서 제빵을 공부한 후 르 꼬르동 블루에서 한층 실력을 갈고닦았다. 일본 소믈리에 와인 어드바이저 자격증을 취득한 후 1999년부터 빵과 와인을 테마로 '와인과 함께하는 열두 달' 교실을 열었다. 배우려는 사람이 전국 각지에서 몰려 대기 리스트만 1년 이상일 정도로 인기가 높다. 2009년부터 베이글을 판매하는 카페 '테코나 베이글 웍스'를 오픈했다. 저서로는 《가정식 효모 빵 교실》, 《적은 이스트로 천천히 발효시키는 빵》, 《천천히 발효시키는 캉파뉴》, 《천천히 발효시키는 베이글》, 《천천히 발효시키는 바게트&류스틱》, 《천천히 발효시키는 비스코티》, 《테코나 베이글 웍스 레시피북》, 《제빵기 천연효모 코스에서 적은 이스트로 천천히 발효시키기》, 《가정식 효모 빵 교실2》, 《1/2 이스트로 간단! 내가 만드는 식사 빵》, 《스톡으로 간단! 빵 도시락》 등이 있다.
와인과 함께하는 열두 달: http://www.wine12.com/

옮긴이. 조윤희

책과 영화를 좋아하고 다양한 장르의 콘텐츠를 좋아한다. 문화를 소개하는 번역가를 꿈꾸며 글밥아카데미 수료 후 바른번역 소속 번역가로 활동 중이다. 역서로는 《완전판 레시피: 빵의 기본》, 《스시 마스터》 등이 있다.

집에서 만드는 프리미엄 식빵

1판 1쇄 인쇄 2020년 1월 10일 ● 1판 1쇄 발행 2020년 1월 17일

지은이 다카하시 마사코 ● 옮긴이 조윤희 ● 펴낸이 김기옥 ● 실용본부장 박재성 ● 편집 실용2팀 이나리, 손혜인
영업·마케팅 김선주 ● 커뮤니케이션 플래너 서지운 ● 지원 고광현, 김형식, 임민진 ● 디자인 나은민 ● 인쇄·제본 민언프린텍
펴낸곳 한스미디어(한즈미디어(주)) ● 주소 121-839 서울시 마포구 양화로11길 13(서교동, 강원빌딩 5층)
전화 02-707-0337 ● 팩스 02-707-0198 ● 홈페이지 www.hansmedia.com

출판신고번호 제313-2003-227호. | 신고일자 2003년 6월 25일 | ISBN 979-11-6007-463-5 12590
책값은 뒤표지에 있습니다. 잘못 만들어진 책은 구입하신 서점에서 교환해드립니다.

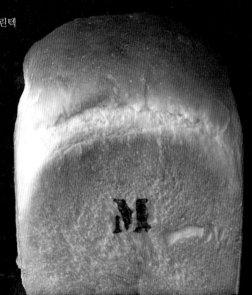